J. ROTHSCHILD, 43, RUE SAINT-ANDRÉ-DES-ARTS, A PARIS

LES PLANTES
A FEUILLAGE COLORÉ

Recueil des espèces les plus remarquables servant à la décoration
des Jardins, des Serres et des Appartements
PAR MM. E. J. LOWE ET W. HOWARD
Membres de la Société d'Horticulture de Londres

TRADUIT DE L'ANGLAIS
PAR J. ROTHSCHILD, AVEC LE CONCOURS DE PLUSIEURS HORTICULTEURS

PRÉCÉDÉ D'UNE INTRODUCTION GÉNÉRALE
SUR
LES PLANTES A FEUILLAGE PANACHÉ
PAR M. CHARLES NAUDIN
Membre de l'Institut

Ouvrage illustré de 60 gravures coloriées et de 47 gravures sur bois
Un volume grand in-8. Prix : 25 francs; relié, 30 francs

Nous citons un passage tiré d'un article du *Moniteur* du mois de janvier :

Faciliter le choix des plus belles espèces de cette tribu, raconter leur histoire et leur culture, dans un langage accessible à tous et dépouillé de l'aridité de la Science pure, mieux encore, donner par la gravure et les planches coloriées une idée exacte de la plante que toutes les descriptions ne sauraient reproduire avec fidélité: en un mot faire aimer les *Plantes à feuillage coloré* par une de ces publications bien faites qui s'emparent aujourd'hui de la faveur des honnêtes gens, tel a été le projet très-bien exécuté par l'éditeur de ce bel ouvrage. A la traduction originale, conservée dans ce qu'elle avait de meilleur, une réunion d'horticulteur français a apporté les modifications et les additions nécessaires à un livre destiné à la France. M. Naudin, de l'Institut, a écrit une introduction qui développe l'importance de cette tribu privilégiée des plantes à feuillage de luxe.

Paris. — Imp. Wiesener et Cⁱᵉ, rue Dalaborde, 12.

J. ROTHSCHILD, 43, RUE ST-ANDRÉ-DES-ARTS, A PARIS

Vient de paraître : 1re année.

LE

MOUVEMENT HORTICOLE

EN 1865

Revue des progrès accomplis récemment dans toutes les branches de l'Horticulture avec Annuaire pour 1866 Calendrier, Travaux mensuels, Système métrique, etc.

PAR M. ED. ANDRÉ

Jardinier principal de la ville de Paris

Rédacteur du *Moniteur universel*

1 vol. in-18 relié. **Prix : 1 fr.**

La faveur universelle s'attache depuis peu à cette science aimable de l'horticulture, qui donne à la fois des produits nécessaires à nos tables et à nos jardins, cette parure charmante que les anciens appelaient « la fête des yeux. » Aussi l'empressement est-il général à se tenir au courant des innovations de toute sorte qui se font jour dans cet heureux domaine. Mais tous les matériaux qui constituent l'édifice horticole, disséminés dans un nombre énorme de traités, de journaux, d'établissements divers, sont difficiles à consulter et à réunir.

Rassembler dans un volume ces documents épars, les juger avec impartialité, résumer en peu de mots les nouveaux procédés de culture, les plantes nouvelles de tout genre, les outils, les ouvrages de chaque mois, y ajouter les articles de fond sérieux et originaux sur l'histoire et la pratique du jardinage, voilà le but que nous nous proposons d'atteindre chaque année, si ce premier petit livre devient comme nous l'espérons, le guide utile et commode de tous les amis de l'horticulture.

Un Annuaire horticole, augmenté d'un aperçu des travaux de chaque mois, ainsi que des indications nécessaires sur les systèmes métriques, etc., forme un complément nécessaire à ce charmant volume.

J. ROTHSCHILD, 43, RUE ST-ANDRÉ-DES-ARTS, A PARIS

LES
PLANTES FOURRAGÈRES

ALBUM
DES CULTIVATEURS ET DES GENS DU MONDE

Atlas grand in-folio représentant en 60 Planches les Plantes de grandeur naturelle. Chaque Planche est accompagnée d'une légende,

PAR V.-J. ZACCONE
Sous-Intendant militaire, Chevalier de la Légion-d'Honneur

Ouvrage couronné
PAR LE COMICE AGRICOLE DE L'ARRONDISSEMENT DE THIONVILLE AUX EXPOSITIONS DE BAYONNE, AMSTERDAM, CHAUMONT, ETC., ETC.

Prix de l'Ouvrage cartonné
Avec figures noires, 25 fr. — Avec figures coloriées, 40 fr.

Extrait de *l'Illustration* :

Un sous-intendant militaire, qui est aussi un habile agronome et un savant botaniste, M. V.-J. Zaccone, vient de publier un album de soixante planches, avec texte, qu'il intitule *Album des cultivateurs et des gens du monde* et qui est destiné à faire exactement connaître nos principales plantes fourragères, leur physionomie, leurs qualités, leur culture, etc. C'est une des plus belles, des plus intéressantes et des plus instructives publications que je connaisse. Ce livre, cet album, appelez-le comme vous voudrez, m'a séduit tout d'abord, parce que c'est un beau travail en même temps qu'une œuvre éminemment utile.

J. ROTHSCHILD, 43, RUE SAINT-ANDRÉ-DES-ARTS, A PARIS

A l'usage des gens du monde, des cultivateurs, etc.

DICTIONNAIRE
DE
L'ART VÉTÉRINAIRE

Hygiène, — Médecine, — Pharmacie, — Chirurgie,
Production, — Conservation, — Amélioration des animaux domestiques

PAR CH. DE BUSSY

AVEC LE CONCOURS DE PLUSIEURS VÉTÉRINAIRES

Ouvrage honoré d'une souscription de S. E. le ministre de l'agriculture

Un vol. in-18 de 360 pages

Prix : 4 fr. — Relié en toile : 5 fr.

Le titre *Art vétérinaire*, que l'on a adopté ici, parce qu'il est le plus exact et le plus logique, ne doit pas conduire les lecteurs et particulièrement ceux de la campagne à penser que ce guide s'adresse aux savants.

Cet ouvrage est, au contraire, à la portée de tout le monde, et a été rédigé sous forme de dictionnaire pour rendre plus faciles et plus promptes les recherches que nécessitent trop souvent les maladies et les accidents subits chez les animaux domestiques. Le fermier, grâce à ce traité pratique, trouvera de suite les premiers soins à donner à ses bestiaux, et pourra, dans bien des cas, prévenir des affections que le moindre retard rendrait peut-être mortelles. Ce dictionnaire-manuel est donc d'un usage pratique à tous moments, et chacun pourra y puiser avec confiance les renseignements nécessaires à l'hygiène des animaux domestiques.

A la fin de l'ouvrage se trouve une table pouvant remplacer un Manuel de l'art vétérinaire, afin que le lecteur n'ait pas seulement un dictionnaire, mais également un ouvrage pratique dont les recettes sont basées sur les principes non contestés des célèbres écoles d'Alfort et d'Allemagne.

J. ROTHSCHILD, 43, RUE SAINT-ANDRÉ-DES-ARTS, A PARIS

L'ALIÉNATION
DES
FORÊTS DE L'ÉTAT
DEVANT
L'OPINION PUBLIQUE

Recueil complet des documents officiels et des articles publiés sur cette question dans les journaux de Paris, de la province et de l'étranger.

Un fort volume in-8°. Prix. . . . . 6 fr.

L'aliénation des forêts de l'État est de toutes les questions agitées pendant la session législative de 1865, celle dont l'opinion publique s'est le plus préoccupée.

La Presse tout entière, écho fidèle du sentiment public, a pris une part active à ces débats dans lesquels figurent les noms les plus autorisés de la science et du journalisme, noms parmi lesquels on peut citer ceux du Maréchal VAILLANT, de MM. DECAISNE et BECQUEREL, de l'Institut; MICHEL CHEVALIER, DUPIN, LE PLAY, de RIANCEY, COQUILLE, HURIOT, COHEN, VITU, MAULDE, JACQUENART, BONNEAU, AUBRY-FOUCAULT, etc., etc.

Nous avons conservé tout ce qui a été publié sur cette discussion sérieuse et nous en avons formé un recueil complet, indispensable à quiconque veut se former une conviction éclairée sur une des questions les plus importantes que notre époque ait à résoudre.

J. ROTHSCHILD, 43, RUE ST-ANDRÉ-DES-ARTS, A PARIS

Vient de paraître :

LA PRÉVISION DU TEMPS

Exposé des conditions qui peuvent seules rendre possible la solution du problème des variations météorologiques; examen des systèmes de MATHIEU (de la Drôme), de M. GRANDAY, de M. COULVIER-GRAVIER, de M. l'amiral FITZ-ROY et de M. LE VERRIER.

Par M. G. BRESSON

Un volume in-18°, illustré de plusieurs figures et de 2 cartes météorologiques.

Prix . . . . . . 3 fr

Curieux de résoudre par avance les divers problèmes de l'avenir l'homme s'est toujours passionné pour les prédictions météorologiques. Malheureusement, une multitude de préjugés, auxquels les pratiques de l'astrologie et le charlatanisme des *Devins du temps* ont donné naissance, le détournent souvent de la méthode scientifique, et, l'écartant de la voie rationnelle, retardent la solution du problème. L'auteur de la *Prévision du temps* se propose de redresser les fausses idées qui ont cours à ce sujet et de faire comprendre quelles sont les conditions que doit remplir toute prophétie qui mérite l'attention et qui puisse être utile **à la marine, à l'agriculture, à l'industrie** et à toutes les branches qu'intéressent les nombreuses fluctuations de l'atmosphère.

LE

MÉDECIN DES ENFANTS

HYGIÈNE ET MALADIES

Guide des mères de famille et des instituteurs, d'après les ouvrages allemands et anglais de Bock, Ballard et Bower Harrisson, par A. C. BARTHÉLEMY, docteur en médecine.

1 vol. in-18, sur beau papier, 1 fr.

Le but du traducteur qui a réuni les diverses parties de cet ouvrage, a été d'exposer principalement aux mères de famille : 1° les diagnostics qui servent à reconnaître les différentes indispositions et maladies auxquelles les enfants peuvent être sujets, depuis leur naissance jusqu'à ce qu'ils aient atteint l'âge adulte, en passant par l'adolescence ; 2° les moyens les plus sûrs de les en prévenir ; 3° les remèdes les plus efficaces pour en amener la guérison.

J. ROTHSCHILD, 43, RUE SAINT-ANDRÉ-DES-ARTS, A PARIS

GUIDE PRATIQUE
DU
JARDINIER PAYSAGISTE
ALBUM DE 24 PLANS COLORIÉS
SUR LA COMPOSITION ET L'ORNEMENTATION DES JARDINS D'AGRÉMENT

A L'USAGE DES AMATEURS, PROPRIÉTAIRES ET ARCHITECTES

PAR M. R. SIEBECK
Entrepreneur de Jardins publics et Directeur des parcs imp. de Vienne

ACCOMPAGNÉS D'UNE EXPLICATION TRÈS-DÉTAILLÉE

TRADUIT DE L'ALLEMAND

PAR J. ROTHSCHILD
Membre de la Société Géologique de France

ET PRÉCÉDÉ D'UNE INTRODUCTION GÉNÉRALE
DE M. CHARLES NAUDIN
Membre de l'Institut, aide-naturaliste au Muséum

1 vol. petit in-folio avec 24 planches coloriées, prix : 25 fr.

L'ouvrage de M. Siebeck a été accueilli par la Presse scientifique *très-favorablement*, et nous nous bornons à reproduire quelques passages, pour donner une idée de sa valeur :

Extrait de l'*Illustration* :

Je ne puis m'abstenir de citer le *Guide pratique du jardinier-paysagiste*, de M. Siebeck, précédé d'une introduction par M. Naudin, du Jardin des Plantes de Paris. Toutes les combinaisons, tous les arrangements, toutes les aimables supercheries qui constituent le parc pittoresque, le jardin anglais, et aussi bien sur dix hectares de terrain que dans l'espace restreint de quelques mètres carrés, se retrouvent dans les vingt-quatre planches coloriées du *Guide pratique* de M. Siebeck. Toutes les difficultés ont été prévues, toutes ont été résolues par le savant jardinier-paysagiste. C'est un livre à consulter, à la campagne, quand on projette quelques perfectionnements, ou plutôt quelques-uns de ces changements dont le principal mérite est de ne pas présenter demain l'aspect vieilli de la veille.

J. ROTHSCHILD, 43, RUE ST-ANDRÉ-DES-ARTS, A PARIS

Vient de paraître :

TRAITÉ THÉORIQUE ET PRATIQUE

DE

CULTURE MARAICHÈRE

PAR

É. RODIGAS

Professeur à l'École d'Horticulture de l'État, à Gendbrugge-lez-Gand

Un volume in-18 orné de 70 gravures sur bois. Prix : 3 fr. 50.

Nous empruntons quelques lignes sur cet excellent ouvrage à l'article de M. Charles Naudin, membre de l'Institut, publié dans la *Revue horticole*, Numéro du 1ᵉʳ décembre :

« L'auteur considère la plante dans son sens le plus général et en
« déduit les principes fondamentaux de la culture. La plante vit,
« la plante assimile, donc il faut lui fournir les matériaux de son ali-
« mentation. C'est là le sujet d'un premier chapitre. Les Méthodes
« de culture viennent naturellement à la suite, et l'auteur fait voir
« comment elles se modifient suivant les lieux, les climats, les an-
« nées, les besoins des populations. Un troisième chapitre, qu'il
« faut classer parmi les plus importants du livre, traite des engrais.
« Les assolements maraîchers, l'outillage horticole, les semis, les
« plantations complètent la première partie du livre. La deuxième
« partie est consacrée aux espèces. Les Plantes suffisamment dé-
« crites y sont par ordre alphabétique. L'auteur termine par un
« *Calendrier maraîcher* très-détaillé, et qui est le complément né-
« cessaire de ce qui précède. Nous ne pouvons que louer l'auteur,
« dit M. Naudin, du soin qu'il apporte à sa rédaction ; son style est
« clair, concis, et souvent élégant dans sa simplicité. Il connaît on
« ne peut mieux les légumes, espèces et variétés. »

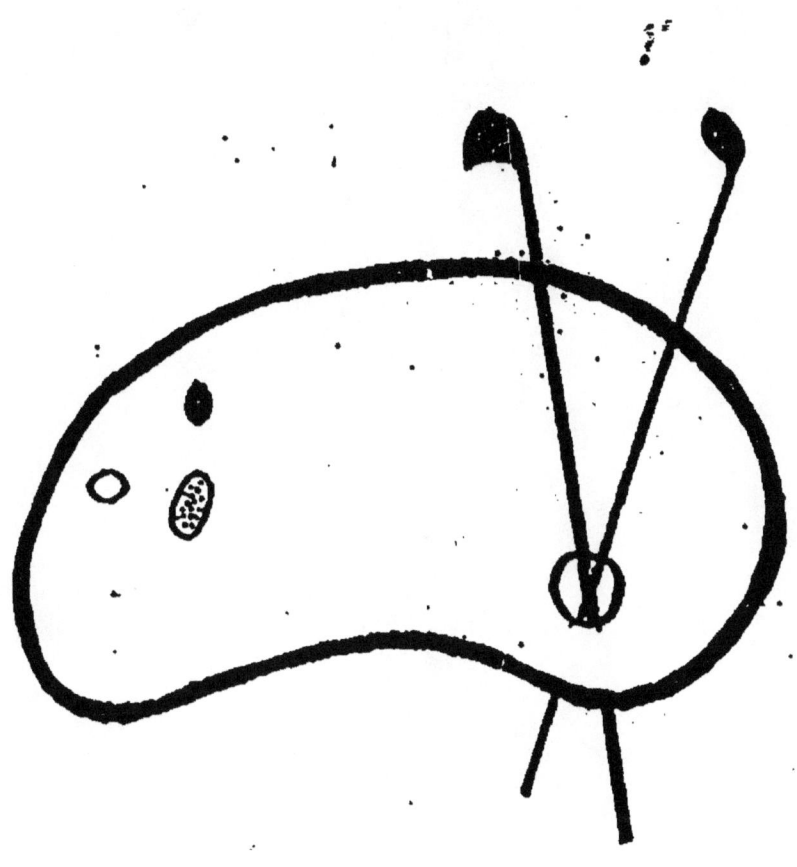

FIN D'UNE SERIE DE DOCUMENTS
EN COULEUR

EXTRAIT DU CATALOGUE GÉNÉRAL
DES PLANTES
DISPONIBLES DANS L'ÉTABLISSEMENT
DE
LIERVAL, Horticulteur
RUE DE VILLIERS, 42, (QUARTIER DES TERNES)
A PARIS
Succursale, 5, rue Gouvion-St-Cyr, Parc de Neuilly
À NEUILLY-SUR-SEINE

L'établissement LIERVAL, qui s'est depuis longtemps placé à la tête du commerce horticole par la spécialité des **Plantes à feuillage ornemental** de pleine terre et de serre, met en vente cette année, aux conditions les plus modérées, les genres et espèces suivants :

	Prix de la pièce, fr.
Acanthus Lusitanicus..	2 à 10
Andropogon formosum.	2 à 4
— Schœnantus	5
— Squarrosum	5
Aralia papyrifera......	1.50 à 20
— Sieboldii....	8 à 20
Arundo donax.........	2 à 4
— Mauritanica	1.50 à 2
Astelia Banksii.........	4 à 5
Bambusa gracilis......	4
— mitis.........	6
— nigra.........	4
— verticillata...	4
— metake......	4
Begonia ricinifolia.....	1 à 4
Bœhmeria argentea....	2 à 10
Caladium esculentum, la pièce 1 à 10 fr., le cent.	75
Caladium bataviensis, la pièce 1 à 10 fr., le cent.	75
Caladium violaceum...	2
— odorum.....	5 à 40
Cassia grandiflora......	1 à 3
Centaurea candidissima	1 50
— gymnocarpa.	1 50
Cineraria maritima....	1

	Prix de la pièce, fr.
Coleus Verschaffelti, la pièce 0 50 c., le cent	30
Commelyna zebrina....	50 c. à 1
Cycas revoluta..	10 à 50
— ruminiana.......	15 à 150
Cyperus papyrus.......	3 à 10
— alternifolius...	1 à 3
Dahlia Kaiser Franz Joseph...............	2
Datura arborea.........	1.50 à 10
Dracæna australis......	5 à 20
— indivisa.....	5, 70 à 200
Elymus arenarius.......	75 c.
Entelea arborescens....	3
Erianthus Ravennae....	4
Eucalyptus globulus....	3 à 10
Farfugium grande	1 fr. 12 p. 9
Ferdinanda eminens	1 fr. 12 p. 9
Ficus elastica.........	4 à 8
Geranium zonale le cent	30 à 40
Gnaphalium lanatum, la pièce 0 50, le cent...	30
Grevillea robusta......	5 à 10
Gunnera scabra........	2 à 10
Gynerium argenteum..	1.50 à 20
Hebeclinium macrophyllum................	1.50 à 3

	fr.		fr.
Hebeclinium atrorubens	1.50 à 3	Solanum hypohodium..	5 à 10
Heracleum giganteum..	2	— Quitense......	5
Hibiscus rosa sinensis	1 f. 25 p. 15	— marginatum...	1 à 2
Imperata sacchariflora..	5	— giganteum.....	1 à 2
Iresine Herbstii 75 c., le cent	50	— Sieglengii.....	1 à 2
Kœniga mantima.......	0 10 c.	— macranthum...	4
Melano selinum; decipiens...............	3 à 4	— robustum......	1 à 2
		— pyracanthum..	1 à 3
Montagnœa heracleifolia	1 à 5	— atropurpureum.	1
Musa rosacœa..........	4 à 15	— betaceum......	1
— sinensis.........	5 à 15	— crinitum......	5
Musschia Wollastonii..	3 à 5	— glutinosum...	1 à 2
Nicotiana Wigandioides.	3	Sonchus laciniatus.....	1
— glauca.......	1	Tripsacum dactyloides.	3
Panicum plicatum...	1 f. 12 p. 9	Uhdea pinnatifida......	1 50
Phormium tenax.......	2 à 5	Urtica nivea...........	3
Polymnia maculata.	1 f. 12 p. 9	— macrophylla....	1 50
Saccharum Maddeni...	3	— gigantea.......	1 50
Sainclairea discolor....	3 à 5	— biloba.........	1
Senecio platanifolia....	1 à 3	Verbesina crocata......	1 fr. 50
— Ghiesbreghtii..	2 à 4	— gigantea....	1 fr. 50
Silphium laciniatum....	1	Wigandia macrophylla.	75 c. à 2
— terebintaceum..	1	— urens........	75 c. à 2
— perfoliatum....	1		

PLANTES NOUVELLES

Introduites par l'établissement, que nous avons livrées au commerce, le 1er juillet 1865

	fr.		fr.
Abutilon vexillarium...	2	Gionandra fragrans....	10
Amorphophallus nivosus	20	Mappa fastuosa........	15
Anthurium magnificum.	20	Maranta picturata......	15
— Lindigii.....	15	Micania Liervalii.......	5
Asplenium alatum.....	18	Pandanus ornatus......	40
— Philippense.	10	— Vandermeerschi.......	15
Asterostigma zebrina...	25		
Begonia magnifica.....	5	Pteris leucophylla.....	12
Bignonia argyrœa.....	10	Rogiera gratissima.....	20
Billbergia Baraquiniana.	25	Smilax macrophilla maculata...........	15
Calathea pavonia......	30		
Cissus amazonicus.....	2	Sauromatum asperum..	10
Coccocypselum metallicum,...............	2	Sphærogyne cinnamomea.....	25
Franciscœa Lindeniana..	20	Theophrasta umbrosa..	30

Nouveauté de 1866

Pandanus Porteanus. Philippines, 15 fr., 12 p. 100 fr.

☞ Toutes les plantes décrites dans le volume peuvent être également fournies à des conditions avantageuses. — Un catalogue détaillé est envoyé franco sur demande en France et à l'Étranger.

LES PLANTES
À
FEUILLAGE ORNEMENTAL

LES PLANTES
A
FEUILLAGE ORNEMENTAL

DESCRIPTION, HISTOIRE

CULTURE ET DISTRIBUTION DES PLANTES A BELLES FEUILLES

NOUVELLEMENT EMPLOYÉES A LA

DÉCORATION DES SQUARES, PARCS ET JARDINS

AVEC 37 GRAVURES DESSINÉES

PAR RIOCREUX, Y. D'ARGENT, ANDRÉ, ETC.

PAR ED. ANDRÉ

JARDINIER PRINCIPAL DE LA VILLE DE PARIS

PARIS

J. ROTHSCHILD, ÉDITEUR

LIBRAIRE DE LA SOCIÉTÉ BOTANIQUE DE FRANCE

43, RUE SAINT-ANDRÉ-DES-ARTS, 43

1866

Tous droits réservés.

A MONSIEUR

A. ALPHAND

Ingénieur en chef des Ponts et Chaussées, administrateur des promenades et plantations de Paris.

Monsieur,

Vous avez, le premier, adopté les plantes à beau feuillage, qui sont devenues sous votre inspiration le principal ornement de nos jardins publics.

Ainsi vous avez donné à ces repos charmants et populaires de la grande cité, l'aspect tropical des végétations jusqu'ici réservées à nos serres. Grâce à vous, l'horticulture entre dans le domaine des beaux-arts, auxquels elle apporte le précieux élément de la flore décorative.

Le respectueux hommage de cette première étude d'un tribut qui a depuis longtemps conquis vos sympathies, vous appartiendrait encore, même si je n'y étais point attiré par le sentiment d'une profonde reconnaissance pour vos bontés.

Ed. ANDRÉ.

PONTS ET CHAUSSÉES

SERVICE MUNICIPAL
des Travaux publics de Paris

CABINET
DE L'INGÉNIEUR EN CHEF
du service des
Promenades et Plantations

Paris, le 24 Novembre 1865.

Monsieur,

J'accepte volontiers la dédicace de votre livre; mais je n'accepte qu'avec réserve la part que vous voulez bien m'attribuer dans l'immense impulsion imprimée au développement de l'Horticulture, par la ville de Paris.

Je n'ai fait que réaliser, à cet égard, les intentions du Conseil municipal, et celles de l'éminent magistrat qui nous crée un Paris si splendide et si prospère. Enfin, la meilleure part dans le succès obtenu par l'introduction des plantes tropicales au milieu de nos jardins publics, revient aux habiles collaborateurs qui m'ont secondé dans cette œuvre nouvelle, et parmi lesquels vous occupez un rang distingué.

Recevez, Monsieur, l'assurance de mes sentiments affectueux,

L'ingénieur en chef,
A. ALPHAND.

A Monsieur André, jardinier principal du service des promenades et plantations.

INTRODUCTION

L'adoption des plantes à feuillage ornemental est née avec les nouveaux jardins publics ou *squares* de la ville de Paris. Elle s'est rapidement développée depuis 1855 jusqu'à nos jours.

Cette heureuse révolution, qui fait du feuillage un rival des fleurs, on en doit la plus grande part à M. Alphand, ingénieur en chef des promenades et plantations de Paris, secondé par M. Barillet, jardinier en chef.

Cet exemple fut bientôt suivi et rencontra de nombreux adeptes sur tous les points de la France, de l'Allemagne et de l'Angleterre. Le jardin du Luxembourg, grâce à M. Rivière, les jardins publics de Lyon, sous la direction de M. Bonnet, ceux de Marseille, de Nantes, de Caen et de bien d'autres villes ont fait une large place aux plantes à belles feuilles dans l'ornementation de leurs paysages.

Des amateurs distingués accompagnèrent ou suivirent ce mouvement. Le premier d'entre eux, sans conteste, est M. Année. Amateur passionné de l'horticulture, et surtout des beaux feuillages, dont il avait pris le goût dans ses voyages au Brésil; il réunit bientôt à Passy un jardin rare, exquis, par le choix et par la culture. Il eut le mérite et l'honneur de cultiver l'un des premiers les plus belles variétés de *Canna*, et de les perfectionner d'une manière prodigieuse. Il fit plus : il les donna libéralement ses gains au commerce. De son jardin, qui n'était grand que par l'intelligence du maître, sortirent pendant plusieurs années les premiers sujets dont se composèrent les collections de nos horticulteurs parisiens.

C'est à Nice aujourd'hui, sous ce climat béni qui mériterait par-dessus tous le surnom de *jardin de la France*, que M. Année a transporté ses pénates et son jardin. Il apprendra aux horticulteurs de ce beau pays les petits secrets, les petits bonheurs de la culture qui ont fait sa joie et celle de ses amis.

Nous lui devons l'amour des plantes à belles feuilles, qu'il s'est plu à encourager, à développer pendant les quatre années où la direction des cultures de la ville de Paris nous a été confiée. C'est grâce à ses conseils et à son amitié que nous avons patiemment réuni les matériaux de ce livre, développement d'une série d'articles publiés par nous dans *le Moniteur universel*, *la Revue horticole* et *la Vie à la Campagne*, sous ce titre : LES PLANTES A FEUILLAGE ORNEMENTAL.

Grâce à M. Année et à la ville de Paris, la diffusion des plantes à feuillage fut rapide et prit bientôt des proportions considérables. Des amateurs distingués surgirent. M. le comte Léonce de Lambertye, un maître en la culture des primeurs, qui écrivait naguère avec tant d'autorité le *Traité du Fraisier*, a donné aux plantes à belles feuilles une large place dans ses cultures de Chaltrait, en Champagne. Il a rassemblé des observations détaillées dont la publication prochaine rendra de vrais services à l'horticulture.

Certes, nous serons les premiers à applaudir à l'apparition de son livre. Sur le terrain où nous sommes, l'estime et l'amitié grandissent, même et surtout par la conformité des travaux.

Parmi les horticulteurs marchands, la passion des plantes à feuillage est devenue un signal de fortune. Plusieurs s'y sont adonnés avec empressement, les ont répandues à profusion, et eussent été plus utiles encore à cette aimable cause, s'ils avaient eu plus de respect de la nomenclature exacte dans la détermination des espèces vendues.

Nous devons, pour être juste, citer, comme ayant contribué le plus à cette diffusion, MM. Lierval, de Paris; Huber et Rantonnet, d'Hyères; Weick, de Strasbourg; Pelé, Chaté et plusieurs autres horticulteurs de Paris, qui en ont fait un accessoire important de leurs cultures.

Toutefois, nous conserverons à M. Lierval le premier rang comme vulgarisateur des plantes à feuillage. Bénéficiaire des semis et des cultures de M. Année et de la ville de Paris, qui s'est toujours montrée libérale dans ses dons et dans ses échanges, M. Lierval a donné une impulsion notable à cette classe en faveur. Il lui a dû en partie ses succès récents, il est vrai, mais

INTRODUCTION

il a aussi contribué pour une part puissante à son développement par son abondante et habile multiplication.

Nous devions cet hommage public à son zèle et à son amour des plantes, avant d'écrire l'histoire de cette tribu privilégiée.

Gravure 1.— Ravenala de Madagascar. (Voir page 201.)

LES PLANTES A FEUILLAGE ORNEMENTAL

CHAPITRE PREMIER

CONSIDÉRATIONS GÉNÉRALES.

L'horticulture, comme toutes choses, doit se courber sous le joug de la loi universelle, la mode, et subir à son tour les révolutions que cette despote entraîne à sa suite. La mode est toute-puissante; elle brise, en se jouant, le brin d'herbe et le bronze; elle se rit de la vaine résistance des choses et des hommes. Comme une perle et comme un ruban, la plante aussi prend place dans cette course effrénée de la mode et la suit, obéissante, en toutes ses fantaisies.

Non-seulement les espèces et les variétés passagères, mais les genres tout entiers subissent cette influence irrésistible. L'histoire du jardinage moderne surtout offre de nombreux exemples de ces fluctuations.

Ainsi l'Oranger, royal ornement des jardins réguliers et des terrasses, — un emprunt que faisait Lenôtre aux jardins d'Italie, — eut son époque de gloire et de faveur spéciale jusqu'aux premiers jours de notre siècle... Il est maintenant compté parmi les splendeurs évanouies du grand règne. A peine entouré d'un dernier respect pour ses vieux souvenirs de splendeur, ce bel arbre, qui portait à Versailles les noms des plus grands rois, reste à peine l'ornement rigoureux des palais et des terrasses, brouté chaque année par le ciseau du jardinier.

Un autre arbre superbe, objet naguère de toutes les faveurs, le Camélia, s'efface, après avoir brillé du plus vif éclat. On lui a tout prodigué: les traités particuliers, les dissertations, les romans; on lui a spécialement bâti des palais. Pour lui fut inventé ce palais des fleurs appelé le Jardin d'Hiver. Eh bien! c'est à peine aujourd'hui si quelques rares amateurs restent fidèles à toutes ses perfections.

Que disons-nous! la Tulipe, « orgueil des nations », la fortune de la Hollande et l'héroïne de tant de récits fantastiques, jusques et y compris la Tulipe *noire* de M. Alexandre Dumas, la Tulipe est au penchant de sa gloire.

Une autre plante charmante, digne émule de celle-ci, en vain oppose à sa défaveur croissante une résistance désespérée. Le Dahlia, apporté du Mexique il y a si peu de temps, avec sa corolle toute simple, perfectionné avec une rapidité sans exemple, orné des plus douces et des plus brillantes couleurs, s'en va, lui aussi, à la dérive.

Voilà l'éternelle accusation portée aux malheureuses fleurs qui ont trop brillé; elles embellissent rapidement, mais elles vieillissent plus vite encore. Rien n'échappe à ce naufrage insensé : l'Œillet n'a plus qu'un parfum vulgaire et une tenue négligée; le Myrte une roideur sans grâce; le Laurier-Rose est trop facile à vivre et le Jasmin ne dure qu'un instant.

A chacun son procès! un procès bien court, dont l'arrêt est prononcé d'avance.

Seule éternelle et toujours jeune, la Rose devrait échapper à ces proscriptions; elle est la fleur par excellence, de tous les âges, de tous les goûts, depuis Sapho jusqu'à Chateaubriand, d'Anacréon aux empereurs de Rome. « Fille de la beauté, plus belle que ta mère, » disait le poëte. Partout enfin, la Rose doit se tenir, d'un pied léger, sur le sommet de la roue de fortune, défiant les siècles et les tribulations.

Eh bien! la Rose elle-même est modifiée chaque jour dans ses formes, ses couleurs, sa culture. A tout prix, il faut du nouveau, et puisqu'il est impossible de se passer de Roses, on a fait au moins qu'elles n'en aient que le nom... Telle est la raison de certains nouvellistes exagérés. Aussi vous ne reconnaîtriez plus chez eux la Rose d'autrefois, dont la Rose cent-feuilles était le modèle inimitable.

La Rose prolifère, la Rose verte, la Rose noire, la Rose sans épines, la Rose lilliputienne, voilà nos aimables conquêtes et l'idéal des perfections qu'il nous faut. Si bien que la pauvre Rose cent-feuilles est partie, ou peu s'en faut. Avant peu, les Spaendonck, les Redouté qui naîtront la chercheront en vain dans nos parterres ingrats.

Nous avions l'intention, dans cette course à travers la pléiade de ces reines délaissées, d'établir la souveraineté de la mode même dans le règne végétal et de prouver que son caprice perpétuel ôte à nos jardins un grand nombre de leurs plus belles parures. Heureusement chacune de ces splendeurs éclipsées revient briller à son tour; elle est alors trouvée cent fois plus belle, et les nouvelles vieilleries ont plus de succès que les meilleures nouveautés.

« Il vaut mieux reverdir que d'être toujours vert, » disait Mme de Sévigné.

Toutefois, parmi ces caprices inconstants, il se glisse parfois des passions durables inspirées par des causes plus élevées que ce besoin continuel de changement inhérent à l'humanité.

Les véritables belles choses n'ont pas d'âge ni de fluctuations. Elles sont et restent toujours en faveur, au moins dans l'esprit des hommes de goût.

C'est dans cette inspiration que les plantes à beau feuillage ont trouvé le motif de l'adoption universelle dont elles sont l'objet depuis plusieurs années. On a vu que les fleurs n'avaient pas seules la royauté de nos jardins, et que la décoration végétale pouvait puiser des éléments puissants dans la forme, l'élégance et les coloris si divers du feuillage.

Aussi, l'art de les cultiver et de les grouper a pris un développement et une perfection qui ont dépassé toutes les espérances.

Donc, suivons le mouvement qui nous entraîne vers les *plantes à feuillage ornemental.*

Cet engouement actuel pour une aussi belle tribu trouve en principe sa justification dans le goût qui préside de nos jours à l'arrangement des grands jardins. Dépouillé de l'exagération qui finit par s'emparer de toutes les bonnes choses, ce mode nouveau peut être d'une très-grande ressource à qui rêve les grands effets dans les parcs. Non-seulement les plantes exotiques arrachées aux contrées tempérées ou brûlantes des deux hémisphères, et asservies par une culture intelligente à nos goûts et à nos plaisirs, peuvent ajouter au paysage un ornement inconnu, mais nos plantes indigènes elles-mêmes, les produits trop négligés de notre riche flore française, n'ont presque rien à céder à ces nouvelles splendeurs.

Vous qui vous éprenez d'un bel amour pour les grands Palmiers et les Bananiers des tropiques, qui portez cette ardeur à admirer tous les feuillages de là-bas, et qui dédaignez les véritables ornements de nos champs et de nos bois, vous n'auriez pas assez de louanges, amis des plantes à feuillage, si l'on vous apportait demain, pour la première fois, du Brésil ou des Indes, le Bouillon blanc (*Verbascum thapsus*) de nos campagnes, son voisin le grand Chardon (*Onopordon acanthium*), le Chardon Marie (*Sylibum Marianum*), la Digitale, les *Heracleum* de nos marais, et Dieu sait combien d'autres!

Avec les perfectionnements considérables de l'art moderne des jardins, les grands espaces découverts, les vastes pelouses, les vallonnements habilement ménagés, les vues qui font entrer dans une même propriété le paysage d'alentour, le rôle des fleurs est insuffisant, et c'est un précieux secours que les plantes à grand feuillage pour jeter la diversité, la vie, dans les grands parcs.

Le mélange ou l'isolement des espèces, l'harmonie ou l'opposition de leurs nuances et de leurs formes sont autant de secrets dont l'homme de goût seul sait trouver la clef et se servir avec bonheur.

Il n'est pas jusqu'aux jardins de ville qui ne puissent revêtir un grand charme au moyen des plantes à beau feuillage, et si riche est depuis peu la collection des espèces de ce genre, que toutes les fantaisies y trouveront facilement leur compte.

En effet, qui n'a reconnu la difficulté d'entretenir des plantes fleuries sans les renouveler souvent, dans les petits jardins des grandes villes, où l'air et l'espace manquent, où les plus jolies plantes s'étiolent sans développer autre chose que de rares fleurettes décolorées et souffreteuses?

Avec les plantes à feuillage, cet inconvénient disparaît. Un choix intelligent permet de remplacer les bordures et les corbeilles destinées aux fleurs par des espèces à feuillages colorés, remplissant le même but, et n'ayant pas besoin de renouvellement.

C'est ainsi que nous avons composé, l'été dernier, un jardinet de Paris. Les corbeilles étaient formées de *Coleus Verschaffelti* et d'*Iresine* bordés de *Centaurea cineraria* et de *Gnaphalium lanatum*. Les massifs, bordés d'*Ageratum* panachés et de *Senecio cineraria*, se détachant sur un fond de *Perilla* et d'Amarantes tricolores, produisaient le plus brillant effet. Sur les pelouses, groupés ou isolés, se dressaient dans leur élégant et noble feuillage, des *Caladium*, *Solanum*, *Wigandia*, *Hibiscus*, *Datura*, *Yucca*, *Eucalyptus*, *Canna*, *Azalea*, aux grandes feuilles variées de teintes

Grav. 2. — *Wigandia*. (Voir page 245.)

et de formes. Du printemps aux gelées, ces belles plantes, en dépit de toutes les influences délétères qu'elles avaient à subir, se sont développées avec une rare vigueur et ont attiré l'admiration de tous les visiteurs.

A un point de vue plus élevé, que dire des merveilleux résultats qu'on obtient des plantes tropicales à grand feuillage en les soumettant à la culture *géothermique*, préconisée par M. Naudin dans ces dernières années!

Cette méthode, qui consiste à échauffer artificiellement le sol par des tuyaux de calorifère, ou bien encore par des briques placées peu profondément, et qui conservent longtemps la chaleur des rayons solaires, produit des résultats vraiment surprenants. Cette année, à Boulogne-sur-Seine, dans le beau parc de M. le baron J. de Rothschild, dirigé avec tant de goût par M. Lesueur, une immense corbeille, composée de la plupart des plantes tropicales à grand feuillage de nos serres chaudes, avait été chauffée artificiellement. La végétation a été merveilleuse. Les Palmiers, les Aroïdés, les Fougères, et toutes les plus belles plantes de la flore équatoriale se pressaient dans une gigantesque et admirable confusion qui dépassait tout éloge.

On aurait pu se croire transporté dans la patrie de ces splendeurs végétales, qui sont pour les forêts de l'Inde et de l'Amérique du Sud des ornements dont nous n'avons guère d'idée dans nos froids climats. Il eût fallu voir auprès de ce luxueux assemblage, un des vaillants voyageurs qui ont pu contempler dans leurs contrées natales toutes ces belles plantes, pour lesquelles on avait remplacé ici un soleil absent par le plus habile et le plus attrayant des stratagèmes. Ils auraient revu en esprit ces splendeurs évanouies et vécu de nouveau leur vie périlleuse.

M. Porte, l'un de ces hardis aventuriers, nous racontait naguère les péripéties qui avaient accompagné la découverte de quelques-unes de ces magnifiques plantes ornementales dont nous écrivons les mérites. «Un jour,
« dit-il, dans un des grands bois de l'île de Luçon où
« je récoltais des Aroïdées, je fus entouré tout à coup
« par une bande de naturels qui menaçaient de me faire
« un mauvais parti. J'étais armé, résolu, et j'eus l'air
« très-disposé à me défendre en cas d'attaque.

« Ma fierté leur en imposa, et je crus voir les chefs
« décider qu'on agirait par ruse.

« On me fit de nombreuses démonstrations d'amitié;
« leur repas commençait, je fus invité à m'asseoir et à
« le partager avec eux. Je jugeai prudent d'accepter,
« mais sans perdre de vue aucun de mes sauvages con-
« vives et la main droite serrée contre ma bonne cara-
« bine. Tout allait pour le mieux, quand par hasard,
« tournant la tête, j'aperçus le visage velu de l'un d'eux
« qui me tenait en joue avec la pointe d'une flèche.

« Armer ma carabine et lui casser la tête fut l'affaire
« d'un instant.

« Toute la bande se rua sur moi. D'un coup de pisto-
« let j'abattis le chef placé à ma gauche. Mon couteau de
« chasse me défendit de mon voisin de droite; mais ju-
« geant plus sûr de prendre la fuite que de résister au
« trop grand nombre, je courus à toutes jambes vers
« le fleuve voisin, où je me cachai dans les hautes her-
« bes. Tremblant d'être découvert, je dus attendre l'oc-
« casion d'assurer ma fuite. J'en trouvai bientôt le
« moyen : un tronc d'arbre flottait au milieu du fleuve ;
« j'abandonnai mes vêtements et nageai droit à ma
« planche de salut, sur laquelle je me hissai de mon
« mieux. Au bout de deux jours, — deux siècles, — d'une
« navigation étrange autant que périlleuse, j'abordai
« enfin un comptoir français, d'où je pus prendre passage
« pour l'Europe en attendant d'autres aventures. »

L'histoire de nos plantes d'ornement a donc aussi
ses aventures, ses drames, ses douleurs. C'est pour
nous une joie et un intérêt de plus de nous rappeler
à quel prix nous les possédons et ce qu'elles ont
coûté de peines et de dangers à leurs courageux impor-
tateurs.

Donc, à tous les points de vue, ornement, nouveauté, économie, intérêt historique, les plantes à
feuillage ornemental ont droit à nos sympathies; l'en-

traînement dont elles sont aujourd'hui l'objet de la part de tous les amis des jardins est pleinement justifié par tout l'intérêt qui s'attache à leur histoire et à leur culture.

Grav. 3. — Palmiers et Marantacées. (Voir pages 187 et 193.)

CHAPITRE II

CULTURE ET MULTIPLICATION.

§ Ier. Plantes annuelles de plein air.

Les plantes annuelles à beau feuillage sont sinon les plus belles, au moins les plus avantageuses pour la facilité et l'économie de la culture. Avec elles, point de serres, d'orangeries, ni d'appareils de multiplication. Un simple châssis suffit pour hâter les semis de printemps. Beaucoup d'espèces même peuvent être semées en place ou en pépinière à l'air libre.

La plupart ont une végétation rapide et vigoureuse. Elles demandent beaucoup d'air, de nourriture et d'eau, sans nécessiter d'autres soins de culture spéciale.

Les grands jardins leur conviennent par-dessus tout, et c'est une qualité qui a bien son mérite. En effet, pour les propriétaires qui résident peu à leur campagne, qui n'y viennent que tard, après que les travaux de printemps sont achevés, ou qui n'ont à leur disposition qu'un jardinier inhabile, les plantes annuelles à beau feuillage sont d'un puissant secours.

Une lettre écrite au jardinier, avant l'époque des semis, quelques graines et des recommandations sommaires suffiront pour trouver à la belle saison le parc orné partout de corbeilles, de bordures, de groupes de belles plantes, au lieu du désordre et de la nudité.

Sur les premiers plans, quelques corbeilles de *Salvia horminum*, bordées de *Kœniga* panachés, d'Amarantes tricolores, de Cinéraires maritimes ou de Périllas de Nankin, avec une ceinture de Céraistes argentés, feront un charmant effet.

Les massifs pourront être entourés de Cléomés, d'Amarantes sanguines, de *Solanum* annuels, de *Panicum*; pendant que çà et là, sur les pelouses, seront placées en groupes de trois ou cinq, ou seule à seule, les espèces suivantes : *Ricinus, Datura meteloïdes, Polygonum orientale, Zea gigantea, Solanum, Verbascum, Helianthus, Impatiens glanduligera*, etc.

Les feuillages vigoureux formeront les groupes les plus rapprochés, et les lointains seront occupés par d'autres plus ou moins légers et cendrés.

Semis. — On se trouvera toujours bien, même pour les espèces dites *à semer en place*, de faire les semis de plantes annuelles dès le mois de mars, sur couche et sous châssis. On gagne ainsi un mois ou deux sur le développement herbacé de ces plantes, objet important pour le point qui nous occupe, puisque c'est dans l'ampleur et la vigueur de leurs formes que réside toute leur valeur ornementale.

Quelques châssis suffisent pour cela. Dès la fin de février, on commence à monter une couche de fumier et de feuilles par parties égales (les couches de fumier pur, comme pour les Melons, pourraient chauffer trop fortement et étioler les plantes). On couvre le tout de 10 centimètres de terreau fin de fumier et de feuilles, de manière que la surface, quand la couche a baissé, soit distante du verre d'au plus 15 centimètres.

Au bout de huit jours (nous supposons que c'est vers le 10 mars), on peut semer. Les graines fines seront répandues dans de petites rigoles tracées avec le dos de la main dans le sens de la longueur du coffre et à peine recouvertes de terreau fin.

Les espèces à graines volumineuses et à racines pivotantes supportent difficilement la transplantation. On les sème dans de petits godets enfoncés dans le terreau. Exemple : Ricins, Cucurbitacées grimpantes, plusieurs Légumineuses, etc.

Aussitôt le semis terminé, bassiner le terreau de manière à l'imbiber entièrement, et fermer hermétiquement. Couvrir de paillassons la nuit pour entretenir une chaleur égale.

La levée des graines varie suivant les espèces. Toutes germent entre huit jours et un mois environ. Dès que les premières commencent à verdir, il faut donner de l'air pendant le jour, de peur de les voir s'étioler et *fondre.* Cette aération a lieu avec de grandes précautions et graduellement; dans une saison où la température offre encore de si grands écarts.

Dès que chaque espèce a effectué en entier sa levée et montré une ou deux paires de feuilles, il faut l'enlever avec soin, en petites mottes, pour ne pas nuire aux voisines qui lèvent à peine. On repique chaque plante isolément dans un godet. Toutes les espèces annuelles se trouvent bien dans le jeune âge de terreau de feuilles presque pur.

Un autre châssis, placé sur couche *sourde*, c'est-à-dire presque composée exclusivement de feuilles, doit les couvrir hermétiquement jusqu'à leur reprise parfaite.

Les jours allongent; on donne de l'air de plus en plus aux jeunes plantes, qui prennent de la force et développent leur caractère spécial. On augmente les dimensions des pots une fois encore pour les espèces affamées.

Dès les premiers jours de mai, on dépanneaute tout le jour et on ne couvre que légèrement la nuit, pour habituer les plantes à la température extérieure.

Bientôt les gelées ne sont plus à craindre. Il est temps de songer à la *mise en place.*

Si les châssis manquent, il faut bien semer en plein air et se résoudre à voir les plantes acquérir un moins grand développement. On suit dans ce cas les règles du semis ordinaire des autres plantes annuelles. Une planche de terre meuble au midi reçoit les graines au 15 avril. On les repique en place en les abritant quelques jours.

Enfin, on sème souvent sur l'endroit même qu'occuperont les plantes. Ce mode est surtout usité pour les corbeilles d'une seule espèce, mais il offre parfois l'inconvénient de produire une levée inégale et un effet manqué.

Mise en place. — Par une journée couverte ou légèrement pluvieuse, on sort définitivement les plantes. Quel que soit l'emplacement qui leur soit destiné, il sera défoncé profondément (c'est-à-dire à 60 centimètres au moins). Les mottes auront été brisées avec soin, s'il a été impossible de passer la terre à la claie. Cette terre aura été fumée d'automne ou d'hiver, et la partie supérieure sera recouverte d'une épaisse couche de terreau composé de feuilles et de fumier.

La forme ovale est la plus usitée pour les corbeilles; elle se marie mieux avec les courbes d'un jardin paysager.

Les trous isolés sur les pelouses auront 1 mètre de diamètre sur 1 mètre de profondeur pour une plante, et 2 mètres de diamètre pour un groupe de trois. La composition du sol d'ailleurs sera la même.

Suivant la force et le développement que prendront

les plantes (consulter pour cela nos descriptions), on les espacera plus ou moins. Si l'on veut obtenir un développement large et trapu, on les écartera beaucoup plus que si l'on tient au développement en hauteur.

Les soins, pendant l'été, après la plantation, consistent en un épais paillis de fumier de cheval pour les terres froides, de vache dans les sols légers et secs, et surtout en copieux arrosements le soir. Ne pas craindre de donner plusieurs arrosoirs d'eau à une plante quand les grandes chaleurs sévissent. C'est le secret d'une belle végétation.

La récolte des graines pour l'année suivante se fait avant les gelées, qui tueront les plantes par leurs premières morsures. On doit alors donner le premier labour et faire ce qu'on appelle *la toilette d'hiver*, avec une bonne fumure préalable. C'est ainsi qu'on entretient la fertilité d'un sol et qu'on atteint de beaux résultats.

§ II. Plantes vivaces de plein air.

Les plantes vivaces ornementales qui résistent à nos hivers sont plus précieuses encore que les plantes annuelles, en ce qu'elles occupent la même place sans renouvellement fréquent et accroissent chaque année leurs belles proportions.

Elles sont soumises dans leur jeune âge au même

traitement que les plantes annuelles de semis et ne réclameront d'autres soins qu'au premier hiver après leur mise en place.

Les unes sont tout à fait rustiques et défient nos plus grands froids, comme les *Heracleum*, l'*Helianthus orgyalis*, le Raisin d'Amérique, le *Polygonum cuspidatum*, le Phalaris panaché. Ils ne leur faut pour tout soin que de débarrasser la souche des tiges flétries. D'autres, — et elles sont en assez grand nombre, — ont des racines plus délicates qui souffrent parfois des alternatives de neige, d'humidité, de gelées intenses.

A celles-là il faut une couverture. On emploie avec succès les moyens que voici : Pour des plantes vivaces en corbeille pleine, comme les Balisiers, on place d'abord une couche de feuilles bien sèches de 30 à 40 centimètres d'épaisseur, et on la recouvre des *fanes* ou tiges flétries des plantes. Pour des groupes ou des plantes isolées, par exemple les *Gynerium, Gunnera, Acanthus, Erianthus*, on se trouve bien d'entourer la base de feuilles sèches, maintenues en place tout l'hiver par une cloche ou ruche de paille assujettie en terre et qui recouvre le tout. On renouvelle une ou deux fois les feuilles si l'humidité les a pourries, et la plante passe ainsi sans souffrir jusqu'aux beaux jours.

Multiplication par séparation des touffes. — Un

moyen plus usité que le semis, pour la plupart des plantes vivaces, c'est la division des touffes.

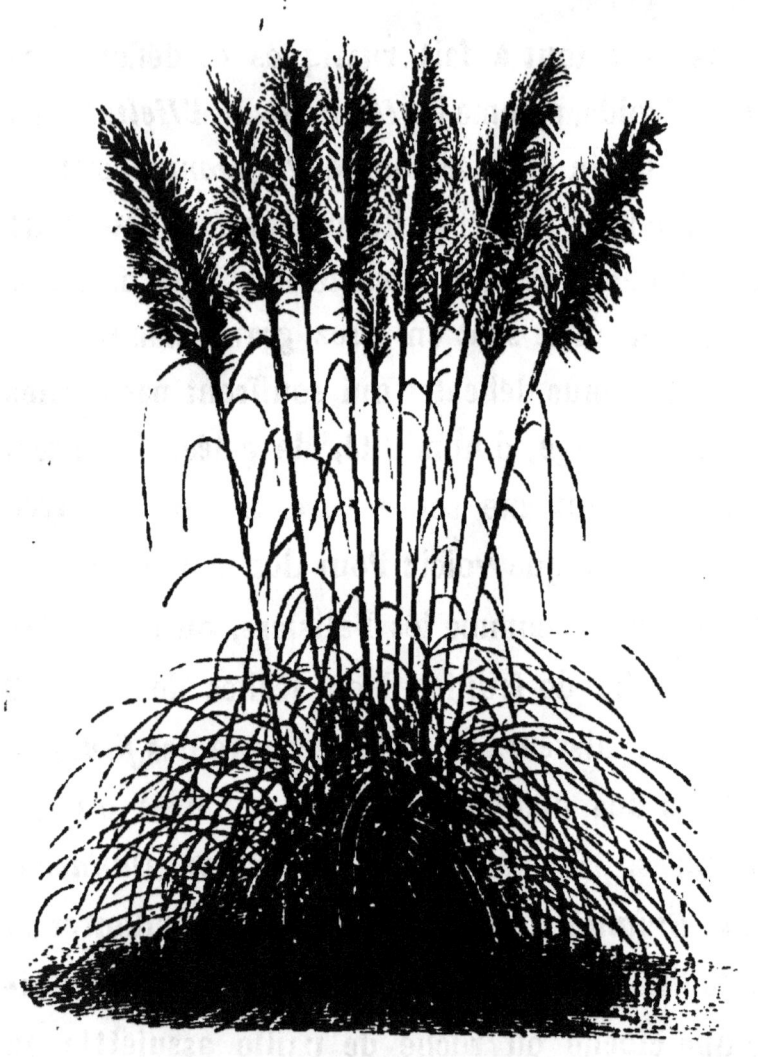

Grav. 4. — Gynerium argenteum. (Voir page 171.)

On pratique cette opération à deux époques : 1° à l'automne, après l'achèvement de la végétation, pour les espèces ordinairement le plus rustiques et à floraison printanière ; 2° au printemps, pour les espèces tuberculeuses, *Canna, Dahlia,* etc., et pour celles dont la reprise automnale trop peu rapide ne peut soustraire les multiplications aux pernicieuses influences de l'hiver.

Mais, suivant les climats et les influences locales, ces indications peuvent varier, et, après un peu de temps et d'expérience, chacun est bientôt son meilleur guide là-dessus.

Quel que soit le mode employé, les jeunes éclats demandent un peu plus de soin que les pieds mères, cela va de soi. On se trouvera bien de planter une année en pépinière les plus difficiles avant de les mettre à leur place définitive. On aura ainsi la facilité de les mieux surveiller, et l'on évitera les mécomptes et l'insuccès souvent inévitable d'une année perdue.

§ III. **Plantes vivaces pour rocailles.**

Les plantes vivaces à effets pittoresques, curieux ou bizarres, réservées aux rocailles, sont le plus souvent choisies parmi les espèces indigènes et surtout des montagnes.

Si l'on emploie des sujets à végétation peu vigoureuse, ou des plantes plutôt curieuses que robustes et vraiment ornementales, on pratique dans les interstices des rocailles des poches remplies de terre de bruyère dans lesquelles on les assujettit.

C'est ainsi que sont traités les Fougères, les grandes Gentianes, les *Sedum*, les Varaires, les Saxifrages, etc. L'hiver on couvre de feuilles les espèces délicates, et l'on suit, du reste, pour leur culture, les moyens ordinairement usités pour les autres plantes vivaces.

Toutefois, il faut se rappeler que les plantes de montagnes redoutent, par-dessus tout l'humidité, et que certaines espèces qui sont très-rustiques dans l'air vif des Alpes et sur leur rocher natal, deviennent délicates dans nos cultures. On est même obligé de les couvrir parfois pendant l'hiver pour les empêcher de se réveiller avant l'heure et d'avoir leurs bourgeons détruits par nos gelées tardives. Il importe surtout de les soustraire aux brusques variations de température habituelles à nos climats. Pour cela il vaut mieux disposer les rocailles au nord, afin d'éviter les brusques dégels et de maintenir la régularité dans les périodes de repos et de végétation. Les autres grandes espèces indigènes à végétation plus vigoureuse se contentent du traitement ordinaire des plantes vivaces rustiques.

§ IV. Plantes vivaces aquatiques.

Le nombre des plantes à feuillage pour l'ornement des eaux est relativement restreint, mais il compte de très-belles espèces qui sont la vie et la gloire de nos pièces d'eau. Telles sont les grandes feuilles flottantes de nos Nénuphars, les vastes parasols des *Nelumbium* du Nil et d'Amérique, les hautes tiges aux feuilles en glaive de nos Massettes indigènes, le curieux feuillage en flèche des Sagittaires, etc.

La plupart se passent de toute culture. On se contente de les planter dans des paniers grossiers en osier, en terre de fossé et terre sableuse, et de les poser à volonté au fond du bassin bétonné, si c'est un petit jardin de ville. On place quelques pierres sur le panier pour l'empêcher de se renverser avec la plante sous l'effort du vent.

Pour les grandes pièces d'eau à fond naturel, on plante les espèces aquatiques à volonté : les submergées et flottantes dans les eaux profondes, et les émergées le long des bords à peine couverts d'eau.

Sous le climat de Paris, les *Nelumbium* fleurissent rarement à l'air libre. Il est bon de les tenir en baquets exposés en plein soleil le long d'un mur ou d'une serre. Ils y développeront l'été leurs splendides corolles jaunes, blanches ou rosées.

La séparation des touffes est le moyen habituel de multiplication des plantes aquatiques. Elle a lieu au printemps, au départ de la végétation.

§ V. **Plantes grimpantes.**

Les plantes à feuillage sarmenteuses ou grimpantes

rentrent, comme culture et multiplication, dans leurs catégories respectives de plantes annuelles, vivaces ou ligneuses. Les annuelles sont ordinairement des Cucurbitacées voraces qui demandent une terre meuble, profonde et copieusement fumée chaque année.

On laisse longtemps en place les espèces à racines vivaces. Plus elles vieillissent et plus elles augmentent en vigueur et en belles dimensions.

On les emploie pour couvrir les tonnelles, chaumières, murs, treillages et berceaux. Il vaut mieux entourer chaque motif d'une seule espèce de plantes que de mélanger les feuillages. L'effet en sera plus saisissant et plus homogène. Ainsi, une tonnelle entièrement couverte d'Aristoloches sera toujours d'un plus joli aspect que si l'on y avait ajouté des Vignes vierges et du Houblon, qui laisseraient des vides et croîtraient inégalement.

§ VI. Plantes à hiverner en serre.

A. Serre froide et orangerie.

La serre froide suffit à la conservation hivernale d'un plus grand nombre de plantes à feuillage qu'on ne le croit généralement. Elle a même révélé pour un certain nombre des procédés de culture bien supérieurs à la conservation en serre chaude. C'est ainsi que l'*Aralia papyrifera*, longtemps relégué dans les coins des serres à température élevée, où il languissait sans vigueur, a pris un accroissement considérable, et s'est montré comme une de nos plus belles conquêtes horticoles dès qu'on l'eut hiverné en serre froide et même en orangerie.

La plus belle et la plus gigantesque de nos plantes ornementales, le *Musa ensete*, passe en serre froide et supporte facilement un abaissement de température momentané de 0 degré.

Les *Cyperus, Datura, Cassia, Eucalyptus, Agave, Phormium, Phytolacca*, etc., et bien d'autres, préfèrent la serre froide ou l'orangerie à tout autre local et y passent la période de repos dans le meilleur état.

Rentrée. — Dès que la température s'abaisse rapidement, que les nuits deviennent longues et froides, c'est-à-dire vers la deuxième quinzaine de septembre, on prépare les plantes à la rentrée. Au pied de chacune, à une distance qui varie suivant la force de la plante, on *cerne* les racines. Cette opération consiste à enfoncer verticalement une bêche tout autour de la plante, à la distance qu'occupera le diamètre de la motte à enlever. Les racines ainsi coupées, mais adhérant encore au sol, cesseront d'alimenter le sujet et seront préparées à la mutilation plus violente que le relevage leur fait toujours subir.

Quand les premières gelées sont imminentes, il faut rentrer les plantes sans différer.

Grav. 5. — Eucalyptus globulus (Voir page 158.)

Empotage. — De grands pots ou des bacs, proportionnés à la grosseur de la motte, sont approchés sur le sol. On en remplit le fond de *tessons* ou de gravier et on empote sur place la plante relevée. Trois tuteurs la maintiennent et empêchent le ballotage. On enlève à peu près la moitié des feuilles sans rien rabattre du bois, sinon les pousses trop longues et herbacées.

On transporte alors dans le local, serre froide ou orangerie, préparé à cet effet à l'avance, c'est-à-dire bien aéré, assaini, nettoyé à fond. Les plantes y sont placées côte à côte, par espèces autant que possible, sur le sol et sans être arrosées, quand même elles faneraient un peu.

Aération et chauffage. — Pendant les huit premiers jours, il faut bien se garder de fermer les portes et vasistas, même la nuit. Le grand air seul peut enlever l'humidité surabondante et sécher le local assez pour éviter la pourriture hivernale. Peu à peu, on ferme la nuit, puis le jour, quand le mauvais temps est trop violent. Vers le 15 novembre, on soumet les plantes à la réclusion complète : leur tempérament s'est plié à la vie, ou plutôt au repos de la serre.

Pendant un ou deux mois, la plupart des espèces perdent leurs feuilles. Il faut avoir soin de les enlever dès qu'elles menacent chute et si elles sont caduques, et d'effeuiller entièrement plutôt que les laisser sécher sur la plante. De même, il faut prendre dès le début les plus grands soins de propreté. Les immondices, tailles, feuilles se décomposent rapidement et vicient l'air du local assez pour occasionner rapidement des moisissures, le plus redoutable fléau des serres.

On ne chauffe par les grands froids que pour maintenir la température un peu au-dessus de 3 ou 4 degrés. Une chaleur plus élevée empêcherait la période de repos de s'accomplir et occasionnerait une végétation étiolée, intempestive, fort préjudiciable à la santé des plantes.

Entretien, taille. — Dès que les premiers beaux jours arrivent avec le temps de reprise de la végétation, on soumet toute la serre à un remaniement complet. Les pots sont visités avec soin; on rempote les plantes placées trop largement et qui ont jauni; on remplace la terre décomposée par les vers ou lombries, on *tuteure* les sujets mal faits, on nettoie le bois mort et, par-dessus tout, on s'occupe de la taille.

La taille en serre, pour les plantes d'ornement rentrées dans leur forme de l'année précédente, doit être appliquée conformément au port, à l'*habitus* de chaque espèce. Elle doit être courte pour celles dont le principal mérite est dans l'état herbacé de leur feuillage et qui repercent bien sur le vieux bois. Elle sera longue, au contraire, pour les plantes dures qui fleurissent sur les rameaux déjà formés et qui sont moins vigoureuses et plus arborescentes.

Sortie. — Au 15 avril, on doit procéder à la sortie de toutes les espèces peu délicates. Elles auront été préalablement habituées au grand air par une aération de jour en jour plus abondante.

Même on se trouve bien de sortir tout à fait les plantes et de les abriter près d'un mur au nord pendant une huitaine, ou dans des abris de *Thuia*, avant de les livrer au grand air. Ce moyen est employé avec succès à la ville de Paris depuis plusieurs années.

Multiplication. — La serre froide ou l'orangerie ne sont que des conservatoires où ne saurait s'effectuer la multiplication par boutures des plantes ornementales qu'on y a rentrées.

Comme cette multiplication, destinée à produire des jeunes plantes vigoureuses pour le printemps suivant, doit avoir lieu l'hiver, il est nécessaire d'opérer ainsi :

Bouturage. — Dès que la reprise des plantes relevées est effectuée et qu'elles sont dans une période de repos complet et de bonne santé, on choisit quelques spécimens bien ramifiés et on les transporte soit sous châssis, soit dans la serre à multiplication, où ils sont soumis à une température de 18 à 22 degrés. La végétation ne tarde guère à se montrer. Au fur et à mesure que les jeunes pousses herbacées présentent assez de longueur pour être bouturées, on les détache et on les repique en godets de terre de bruyère, sous cloche, et *dans le même local que la plante mère.* On oublie trop souvent que l'insuccès n'est dû qu'à l'inobservation de ce soin.

La plupart des espèces herbacées de la famille des Composées, des Solanées, des Légumineuses reprennent vite et facilement. D'autres, les Myrtacées, (les *Eucalyptus*, par exemple), sont plus rebelles. On doit alors s'en tenir aux semis.

Les soins à donner aux jeunes boutures sont identiques à ceux de tous les bouturages de serre ordinaires. Nous n'avons pas à nous étendre sur des détails du domaine public, parfaitement connus de tout amateur d'horticulture.

Il faut seulement être attentif, quand la reprise est faite et si les plantes sont élevées en serre, à donner des rempotages fréquents et dans des pots successivement plus grands, de manière à ne pas laisser d'interruption dans la végétation jusqu'au printemps.

Les précautions à prendre pour la sortie sont toujours les mêmes.

B. Serres chaudes et tempérées.

C'est ici le lieu d'un traitement particulier pour les espèces tropicales et intertropicales. L'ornementation foliacée de nos jardins emprunte surtout à ces plantes de végétation exceptionnelle ce cachet luxueux et exotique qui a si bien conquis la faveur universelle depuis peu d'années.

Aussi, doit-on penser qu'un traitement général ne saurait être appliqué à toutes ces plantes, et que beaucoup d'entre elles demandent des soins spéciaux que nous avons groupés sommairement après leurs descriptions particulières.

Cependant quelques soins d'ensemble s'adressent à toute la tribu et peuvent être indiqués rapidement.

Rentrée. — Tous les travaux qui accompagnent la rentrée des plantes de serre froide s'appliquent aux espèces de serres tempérée et chaude. Mêmes précautions préparatoires, même aération pendant les premiers jours, mêmes soins de propreté, d'effeuillage pour les espèces à feuilles caduques. La seule différence consiste dans l'époque, qui doit être avancée suivant le tempérament plus ou moins délicat des plantes. Ainsi, les Palmiers, les Fougères et les Pandanées seront rentrés avant la fin de septembre, quand plusieurs autres espèces des mêmes régions chaudes attendront volontiers quinze jours plus tard.

Empotage. — Une considération importante est aussi dans le choix de la terre propre aux plantes tropicales. Sauf de rares exceptions, la plupart se trouveront mieux d'un compost de terre de bruyère, de terreau et de terre légère que du sol dans lequel on les a retirées de la pleine terre. On prépare ce compost à l'avance et on empote sur place les plantes relevées, toujours dans des pots bien drainés par des tessons ou des plâtras. Dans cette opération de l'empotage, qui est ordinairement mal faite à cause du manque de temps et de l'accumulation des travaux de cette époque, on doit prendre grand soin de ne pas mutiler ou recourber les racines.

Pour les espèces de serre froide et d'orangerie, qui entrent dans une période de repos, l'inconvénient est moindre que pour des plantes transportées dans une température élevée et qui doivent continuer tout l'hiver leur végétation. Nous avons vu trop souvent, dans le relevage de nos plantes des squares de Paris, les ouvriers mettre avec précipitation en un paquet toutes les racines, au risque de les faire pourrir et de causer la mort de la plante dans le cours de l'hiver.

On doit apporter le plus grand soin à cet empotage; de sa bonne exécution dépend la réussite presque entière. Choisir des pots de moyenne grandeur où les racines ne soient ni à l'aise ni trop pressées, mais dont elles touchent les parois librement, veiller à ce qu'elles soient placées dans la position qu'elles occupaient en pleine terre, et empêcher la conservation de celles qui ont été gâtées, tels sont les soins qui suffisent à la bonne reprise des plantes relevées.

Chauffage. — Les premiers jours qui suivent la rentrée seront consacrés à habituer peu à peu les plantes à leur nouveau local. On ne commence à chauffer que dix ou quinze jours après le rangement définitif, à moins que des gelées fortes et prématurées n'abaissent trop la température.

Chauffer fortement dès les premières fois serait désastreux. On serait certain de faire pourrir les plantes qui n'ont pas encore rendu leur humidité surabondante. La chaleur exciterait la végétation des parties aériennes avant qu'il y eût appel des racines et celles-ci moisiraient plutôt que de développer un nouveau chevelu.

La température ordinaire des serres tempérées doit varier entre 14 et 18 degrés centigrades ; celle des serres chaudes entre 18 et 22. — Une chaleur plus élevée offrirait l'inconvénient de *forcer* les plantes, de leur donner un développement grêle en désaccord avec ce qu'on attend d'elles en pleine terre. Les pousses étiolées, sans force, ne pourraient supporter le grand air l'année suivante, quelque précaution que l'on prenne pour les y habituer.

Il vaut donc mieux chauffer trop peu que trop. Le mieux est de garder pour mesure les degrés que nous donnons et qui sont applicables au plus grand nombre.

Taille. — La taille des plantes à feuillage en serres chaude et tempérée diffère sensiblement de celle des espèces de serre froide. Les plantes qui y sont soumises devant continuer leur végétation tout l'hiver, il faut que cette ablation suive de près la reprise et ait lieu environ un mois après la rentrée. On profite de ce moment pour nettoyer entièrement les plantes de leur bois et de leur feuillage morts ou avariés, pour vérifier si l'empotage a été bien fait, si les vases ne sont pas trop grands, si la terre n'est pas décomposée. On tuteure les tiges, les branches tortueuses et mal placées ; on prépare, en un mot, une bonne charpente qui doit supporter l'échafaudage de la végétation à venir.

Entretien. — Pendant toute la saison d'hiver, les soins à donner aux plantes à feuillage sont identiques à ceux des autres plantes de serre, avec lesquelles elles sont mélangées, s'il a été impossible de leur donner un local particulier. Une extrême propreté est la première condition ; des arrosements modérés seront distribués seulement lorsque la terre des plantes sera sèche à plus d'un centimètre de profondeur. Les bassinages seront à peu près proscrits pour des plantes à feuillage qu'il n'est pas utile d'épuiser dans une végétation à contre-temps.

En un mot, il ne faut pas oublier que la serre ici est un local de conservation, et non pas de décoration ; que les plantes qu'on y a rentrées doivent y reprendre des forces et non point s'affaiblir.

Multiplication. — Les plantes à feuillage multipliées par semis sont toujours préférables pour leur vigueur, leur belle forme et la facilité de leur culture. On doit donc employer ce moyen de préférence.

Mais il n'est pas toujours praticable, et le bouturage est usité forcément pour le plus grand nombre des espèces tropicales qui ne grainent pas dans nos cultures.

Pour obtenir de bons résultats, quels que soient l'importance et le nombre des plantes à propager, une serre à multiplication est nécessaire.

Toutefois, à moins de posséder d'immenses cultures et de faire les choses avec luxe, nous ne conseillons pas la construction coûteuse d'une grande *propagation house*, comme celle de la ville de Paris, par exemple, d'où sortent chaque année environ un million de plantes, et qui est meublée de 16 tuyaux de chauffage en fonte et de 500 cloches, châssis et appareils divers, sans compter une demi-douzaine de garçons jardiniers qui n'en sortent pas d'une année à l'autre.

Serre économique à multiplication. — On peut à beaucoup moins de frais organiser une petite bâche à multiplication qui produira tous les résultats désirables. Nous indiquons à ce propos les éléments de construction de la petite serre que nous avons fait construire à cet usage et que représente la gravure 6.

On commence par creuser le sol à 1 mètre de profondeur, et l'on répand au fond une couche de 10 cent. de plâtras pour bien l'assainir. Plus on creusera la serre, plus on obtiendra de chaleur et aussi d'humidité. C'est un point qu'il ne faut pas perdre de vue.

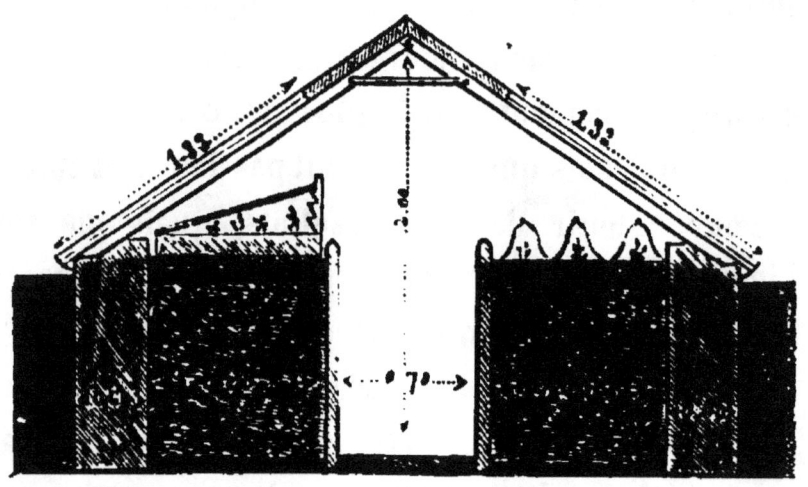

Grav. 6 — Serre économique à multiplication

La profondeur moyenne de 0ᵐ,90 se trouve dans de bonnes conditions. Le long des parois de l'excavation on bâtit un petit mur de pierres sèches hourdé en mortier seulement à la place où l'on fixe les extrémités des chevrons. Tous les 1ᵐ,33 on scelle un de ces chevrons, de 10 à 15 cent. d'équarrissage, emmortaisés à leur partie supérieure sur une filière de même longueur que la serre. La longueur de chacun de ces chevrons est subordonnée à celle des châssis vitrés qui s'appuieront sur eux. Si l'on ne peut se procurer de grands châssis fabriqués exprès, ce qui vaudrait mieux, on se contentera de simples châssis de maraîcher de

$1^m,33 \times 1^m,33$. La longueur totale de ces deux châssis inclinés serait trop faible pour la largeur de la serre ; ils s'appuieront à leur sommet sur une partie fixe non vitrée, qui permettra de laisser entre eux un écartement de $0^m,80$ à 1 mètre. Dans ces conditions, il restera encore un jour suffisant pour la bonne végétation des plantes.

Deux mètres de hauteur, de l'arête inférieure de la serre jusqu'au sol, suffisent pour le service. Un sentier de $0^m,70$ règne au milieu. De chaque côté sont des bâches pleines bordées par des planches et remplies au fond d'une épaisse couche de plâtras, puis de branchages, puis de fumier pailleux non consommé, monté en forme de couche à melons. On recouvre le tout, à la hauteur de 1 mètre environ, d'une couche d'environ $0^m,20$ de tannée sortant des fosses.

Une de ces bâches est consacrée aux boutures ordinaires sous cloche. L'autre recevra un petit châssis mobile pour les plantes délicates et pour les semis. Il régnera dans toute la longueur ou partiellement, suivant le nombre de raretés qu'on y multipliera.

La longueur de la serre est facultative. Elle est terminée, à l'une des extrémités, par un simple pignon de planches debout, bien jointoyées. A l'autre bout, une petite porte pleine donnant sur la tranchée où se trouve l'escalier doit être doublée d'une fausse porte que l'on tient fermée quand l'autre est ouverte, pour éviter les brusques variations de température.

Une serre construite ainsi revient à très-bon marché. Il n'est pas un charpentier ou un menuisier qui ne puisse très-bien la confectionner en très-peu de temps à la campagne, sans autres indications que celles que nous venons de donner.

L'aménagement intérieur ainsi disposé, c'est-à-dire une simple couche de fumier recouverte de terreau ou de tannée avec cloches d'un côté et châssis de l'autre, on attend que la couche ait *jeté son feu* avant de commencer le bouturage.

Dès que les froids deviennent rudes, on couvre de paillassons, pendant la nuit surtout, et l'on entoure la serre de *réchauds*, c'est-à-dire de petits *roules* de fumier chaud de 50 centimètres de haut et de large.

Bouturage. — Le meilleur mode de bouturage pour les espèces dociles à la multiplication ordinaire est le *piquage* isolément en petits godets de 3 centimètres pleins de terre de bruyère sableuse ; on fabrique tout exprès ces godets dans les grandes villes.

Si l'on manque de ce secours, on peut fort bien y obvier en employant un système qui nous a toujours réussi et usité encore aujourd'hui presque partout en Angleterre.

On prend des pots de grès ordinaires d'environ 14 centimètres d'ouverture; on en remplit la moitié de tessons de pots cassés, et l'autre moitié de terre de bruyère sableuse. Les boutures y sont piquées *le long des bords, c'est-à-dire touchant au grès;* puis on enterre le tout dans la tannée. L'hygroscopicité du pot lui fait absorber rapidement l'humidité et en même temps la chaleur de la tannée en fermentation, et maintient un état très-favorable à l'émission du bourrelet radiculaire. En très-peu de temps, la reprise a lieu, et l'on s'occupe du *sevrage* par potées entières, en bouturant à nouveau les rameaux non enracinés encore, et empotant les autres séparément en de petits godets, pour les soumettre ensuite au traitement ordinaire des plantes faites.

Le petit châssis que nous indiquons sur la bâche de gauche sert de préférence aux boutures très-délicates qui craignent la moindre introduction d'air. Elles en seront absolument préservées, si de plus on les enferme sous cloche surbaissée. Mais il est utile surtout aux semis de plantes tropicales; presque toutes y germent rapidement, et s'y préparent à une bonne réussite.

Toutefois, nous devons dire que certaines espèces sont rebelles à ce traitement économique. Les émanations du chauffage au fumier sont mortelles à certaines Fougères, à plusieurs Palmiers et à quelques autres espèces que l'on essaiera, sans s'obstiner à les y laisser si elles paraissaient souffrir. Mais le plus grand nombre s'en trouve bien, et l'économie de ce procédé lui assure assez de préférences pour compenser de rares insuccès.

§ 7. Culture sous châssis.

Quand elle est bien entendue et que les espèces y sont bien appropriées, la culture des plantes ornementales sous châssis rend les plus grands services. Elle forme des plantes bien plus saines et vigoureuses que la culture en serre. Mais elle exige des soins que seuls les spécialistes de Paris sont habiles à donner. Souvent de terribles mécomptes viennent assaillir le cultivateur, s'il oublie de donner de l'air ou de couvrir à temps, si l'hiver est trop humide, et surtout si les gelées persistantes condamnent les plantes à l'obscurité prolongée des couvertures, c'est-à-dire à leur perte.

En général, les espèces tendres, herbacées, dont le mode de végéter se rapproche de celui des plantes molles de garniture (Pelargonium, Fuchsias, Héliotropes, que les fleuristes parisiens désignent sous le nom pittoresque d'*Herbes à lapins*), se trouveront bien de la culture sous châssis.

Il n'en serait pas de même des espèces tropicales qui réclament l'espace et la lumière en abondance, et qui ne sauraient se plier à cette gêne fatale.

Les jeunes multiplications de l'hiver, quelle que soit

leur provenance, semis ou boutures de serre froide et de serre chaude, seront transportées avec succès sous châssis dès que les longues périodes de gelées seront passées, c'est-à-dire d'ordinaire après le 15 février. Cette atmosphère bien égale, concentrée, suffisamment saturée d'une humidité pénétrante sans être nuisible, et surtout le haut degré de chaleur *de fond* auquel la couche peut atteindre, seront très-favorables à l'émission des racines.

Bientôt les jours allongent, le soleil prend de la force et presse toute végétation. On donne peu à peu de l'air et enfin on sort les plantes. Si la gradation est bien observée, si les réchauds sont renouvelés à temps, si les bassinages sont fréquents aux heures de soleil et les rempotages faits avec intelligence, on obtiendra une végétation à nulle autre pareille, et qui laissera bien loin derrière elle tous les procédés de culture dans les serres.

Grav. 7. — Philodendron (Voir page 197.)

CHAPITRE III.

CLASSIFICATION HORTICOLE DES PLANTES A FEUILLAGE ORNEMENTAL.

Recrutées au hasard dans les nombreuses familles botaniques du règne végétal, les plantes à feuillage ne sauraient être groupées dans un ensemble qui satisfasse à la fois le savant et l'horticulteur.

Elles constituent sans doute une tribu, une famille distincte, de par toutes les beautés dont elles sont douées et qui prennent leur source dans les mêmes organes. Mais cette parenté est tout horticole et doit rester horticole.

Cherchons donc leurs affinités plutôt apparentes que réelles, et classons-les suivant leurs différents emplois dans l'ornementation des jardins.

Tout ce qui contribue à la confection des corbeilles, des plates-bandes, massifs, bordures, effets d'ensemble, peut être groupé ensemble, quelle que soit la taille ou la forme des espèces, et constituer la première section.

Le coloris des feuillages peut aussi former une sous-division naturelle et très-facile à consulter. On sait qu'en botanique on nomme *feuilles colorées* tout ce qui offre une nuance en dehors de la teinte verte, teinte de fond du règne végétal. On peut donc diviser cette première section en *feuillages verts* et en *feuillages colorés*, subdivisés eux-mêmes en espèces de pleine terre et en espèces de serre.

Une seconde section peut comprendre la série des plantes destinées aux groupes isolés sur les pelouses. Elle se subdivise en feuillages verts et colorés, de même que la première.

Les plantes grimpantes à beau feuillage, les espèces saxatiles, les aquatiques enfin peuvent former trois autres sections naturelles qui complètent cette classification.

A l'aide de cette clef fort simple, on peut trouver rapidement la place des plantes qu'on possède déjà dans son jardin ou de celles qu'on désire avoir.

Parfois, telle plante d'une case peut trouver place dans une autre. Rien n'est absolu; une plante isolée peut être d'un très-bon effet en corbeilles, et *vice versâ*. Mais malgré ces exceptions toutes naturelles, l'ensemble de cette distribution n'en est pas moins rationnel et facile à saisir.

TABLEAU DE LA CLASSIFICATION

HORTICOLE DES PLANTES A FEUILLAGE ORNEMENTAL

I° Plantes pour massifs, corbeilles, bordures, etc.

FEUILLAGES VERTS

PLANTES de pleine terre.
- Althæa rosea.
- Asclepias Cornuti.
- Brassica (variés).
- Canna (variés).
- Cleome (variés).
- Digitalis purpurea.
- Helianthus argophyllus.
- Hibiscus (variés).
- Impatiens glanduligera.
- Ligularia Kæmpferi.
- Nicotiana tabacum.
- Polygonum orientale.
- Ricinus (variés).
- Sedum fabarium.
- Solanum (variés).
- Spiræa aruncus.

PLANTES de serre.
- Aralia papyrifera.
- — Sieboldii.
- — Brownii.
- Aspidistra elatior.
- Begonia macrophylla.
- — heracleifolia.
- Caladium (variés).
- Canna (variés).
- Curculigo recuvata.
- Cyperus (variés).
- Datura (variés).
- Dracœna (variés).
- Erythrina (variés).
- Ficus (variés).
- Hebeclinium (variés).
- Hedychium (variés).
- Hibiscus (variés).
- Musa (variés).
- Panicum plicatum.
- Sida (variés).
- Solanum (variés).

FEUILLAGES COLORÉS

PLANTES de pleine terre.
- Achillea Clavennæ.
- Alchemilla alpina.
- Alyssum saxatile varieg.
- Amarantus sanguineus.
- — melancholichus.
- — tricolor.
- — bicolor.
- Artemisia (variés).
- Atriplex hortensis purpurea.
- Beta vulgaris aurea.
- — purpurea.
- Brassica (variés).
- Canna (variés).
- Carex jap. varieg.
- Centaurea cineraria
- — gymnocarpa.
- — Ragusina.
- — plumosa.
- Cerastium (variés).
- Eryngium (variés).
- Festuca glauca.
- Hydrangea jap. variegata.
- Kœniga marit. varieg.
- Lamium maculatum.
- Ligularia Kæmpf. punctata.
- Molinia cœrulea varieg.
- Oxalis purpurea.
- Perilla Nankinensis.
- Phalaris arundinacea picta.
- Salvia patula.
- — horminum.
- — officinalis tricolor.
- Santolina chamœcyparissus.
- Stachys lanata et var.
- Trifolium repens purpur.

FEUILLAGES COLORÉS (suite).

PLANTES de serre.
- Alternanthera (variés).
- Aspidistra elatior varieg.
- Begonia heracleif. (variétés panachées).
- — grandis.
- — discolor.
- — tomentosa.
- Caladium (variés).
- Coleus Verschaffelti.
- — marmoratus.
- — scutellarioïdes.
- — Blumei.
- — Malabaricus.
- Commelyna zebrina.
- Desmochæta sanguinolenta.
- Gnaphalium (variés).
- Gynura bicolor.
- Iresine Herbstii.
- Asclepias Cornuti.

- Brassica (variés).
- Digitalis (variés).
- Ligularia Kæmpf. punct.
- Fougères.
- Spiræa aruncus.
- Achillea Clavennæ.
- Alchemilla alpina.
- Alyssum varieg.
- Amarantus (variés).
- Artemisia (variés).
- Carex Jap. (variés).
- Centaurea (var.)
- Pelargonium zonale (variétés panachées).
- Saxifraga sarmentosa var.
- Sedum carneum variegatum.
- Senecio cineraria.
- Solanum (variés).
- Tradescantia disc. vittata.

2° Plantes à isoler ou grouper sur les pelouses.
FEUILLAGES VERTS

PLANTES de pleine terre.
- Acanthus Lusitanicus.
- — mollis.
- — spinosus.
- Acer (variés).
- Ailanthus.
- Amarantus lividus.
- — speciosus.
- — caudatus.
- Andropogon Halepensis.
- Arum dracunculus.
- — crinitum.
- Arundinaria falcata.
- Arundo (variés).
- Asclepias Cornuti.
- Astilbo rivularis.
- Ferula communis.
- — Tingitana.
- Fougères.
- Gentiana lutea.
- Gunnera scabra.
- Gynerium argenteum et var.
- Helianthus (variés).
- Heracleum (variés).

- Bambusa metako (et autres espèces).
- Bocconia cordata.
- Canna (variés).
- Cleome (variés).
- Clerodendron Bungei.
- Coïx lacryma.
- Conifères.
- Crambe maritima.
- — cordifolia.
- Dahlia imperialis.
- — Decaisneana.
- Digitalis (variés).
- Elymus arenarius.
- Erianthus Ravennæ.
- Polygonum orientale.
- Rhaponticum scariosum.
- Rheum (variés).
- Ricinus (variés).
- Rumex (variés).
- Salvia sclarea.
- Silphium (variés).
- Sium latifolium.

PLANTES A ISOLER OU GROUPER SUR LES PELOUSES (suite).

FEUILLAGES VERTS (suite).

PLANTES de pleine terre.

- Hibiscus (variés).
- Humea elegans.
- Imperata saccharifera.
- Ligularia macrophylla.
- Lilium giganteum.
- Magnolia (variés).
- Melianthus (variés).
- Nicotiana tabacum.
- Paulownia imperialis.
- Phytolacca decandra.
- Polygonum cuspidatum.
- Solanum (variés).
- Spiræa aruncus.
- Telekia cordifolia.
- Tripsacum dactyloïdes.
- Uniola latifolia.
- Veratrum album.
- — nigrum.
- Verbascum thapsus.
- Yucca (variés).
- Zea gigantea.

PLANTES de serre.

- Acacia lophantha.
- — julibrissin.
- Agave (variés).
- Aloe (variés).
- Amicia zygomeris.
- Amorphophallus (variés).
- Andropogon (variés).
- Anthurium (variés).
- Aralia papyrifera (et autres espèces).
- Artocarpus imperialis.
- Astelia Banksii.
- Blumea macrophylla.
- — balsamifera.
- Bocconia frutescens.
- Bryophyllum proliferum.
- Caladium (variés).
- Canna (variés, délicats).
- Hibiscus (variés).
- Laportea (variés).
- Lea (variés).
- Littea (variés).
- Mappa fastuosa.
- Melanoselinum decipiens.
- Montagnœa heracl.
- Musa (variés).
- Nusschia Wollastoni.
- Nicotiana glauca.
- — wigandioïdes.
- Palmiers (variés).
- Pandanus (variés).
- Panicum altissimum.
- Philodendron (variés).
- Phytolacca dioica.
- Cassia floribunda (et autres).
- Coccoloba pubescens (et autres).
- Cycadées.
- Cyperus papyrus
- Datura (variés).
- Dracœna (variés).
- Entelea arborescens.
- Erythrina (variés).
- Eucalyptus (variés).
- Ferdinanda eminens.
- Ficus (variés).
- Fougères.
- Furcrœa.
- Geranium anemonœfolium.
- Grevillea robusta.
- Hebeclinium (variés)
- Hedychium (variés).
- Phormium tenax.
- Polymnia (variés).
- Ravenala Madagascariensis.
- Rhopala (variés).
- Saccharum (variés).
- Senecio Ghiesbreghtii.
- — petasites.
- Sida (variés).
- Solanum (variés).
- Sonchus (variés).
- Strelitzia reginæ.
- Theophrasta (variés).
- Uhdea bipinnata.
- Verbesina (variés).
- Wigandia (variés).

PLANTES A ISOLER OU GROUPER SUR LES PELOUSES (suite).

FEUILLAGES COLORÉS

PLANTES de pl. terre.
- Artemisia (variés).
- Canna (variés).
- Centaurea Babylonica.
- Chamœpeuce diacantha.
- Dahlia (panachés).
- Eryngium (variés).
- Hydrangea (variés).
- Salvia patula.
- Silybum Marianum.
- Urtica nivea.
- — utilis.

PLANTES de serre.
- Ananassa sativa fol. varieg. (et autres variétés).
- Bœhmeria argentea.
- Caladium (variés).
- Disteganthus basilateralis.
- Sinclairea discolor.
- Solanum (variés).
- Tradescantia disc. vittata.
- Yucca aloefolia varieg.

8° Plantes pour rocailles et endroits pittoresques

- Molinia cœrulea.
- Kœniga varieg.
- Lamium maculatum.
- Phalaris ar. picta.
- Salvia (var.)
- Santolina.
- Saxifraga (var.).
- Gnaphalium (var).
- Commelyna zebrina.
- Acanthus (var).
- Arundo (var.
- Bocconia cordata.
- Agave (variés)
- Aloe (var.).
- Arum crinitum.
- Eryngium (var.).
- Erianthus.
- Gynerium.
- Gunera.
- Gentiana.
- Ferula (var.)
- Elymus arenarius.
- Helianthus (var.).
- Polygonum cuspidatum.
- Silphium (variés).
- Rheum (variés).
- Salvia (variés).
- Telekia (variés).
- Phormium.
- Senecio (variés).
- Panicum (variés).
- Solanum (variés).
- Canna (variés).
- Alternanthera.

PLANTES A ISOLER OU GROUPER SUR LES PELOUSES (suite et fin.)

4° Plantes grimpantes.

Abobra viridiflora.
Aristolochia sipho.
Boussingaultia baselloïdes.
Cissus vitiginea variegata.
— quinquefolia.
Cobœa scandens fol. varieg.
Cucumis (variés).
Cucurbita (variés).
Hedera (variés).

Humulus.
Lonicera brachypoda reticulata.
Momordica (variés).
Senecio mikanioïdes.
Thladiantha dubia.
Vinca major fol. varieg.
Cyclanthera pedata.
Tricosanthes.

5° Plantes aquatiques.

Alisma plantago.
Calla Œthiopica.
Epilobium hirsutum fol. var.
Menyanthes trifoliata.
Nymphœa alba.
Heracleum.
Cyperus.

Pontederia cordata.
Ranunculus lingua.
Rumex (variés).
Sagittaria.
Sium latifolium.
Thalia dealbata.
Tipha (variés).

Grav. 8. — Palmiers. (Voir page 193.)

CHAPITRE IV

EMPLOI ET DISTRIBUTION DES PLANTES A FEUILLAGE.

§ 1. **L'architecture et les feuillages d'ornement.**

Les anciens, qui nous ont laissé des traces immortelles de leur amour du beau dans les arts, se sont inspirés souvent des élégances du feuillage. Tout dans leur architecture, puisque le temps n'a pas permis à leurs peintures d'arriver jusqu'à nous, tout dénote cette richesse des modèles naturels, choisis parmi les objets aux formes pures qui les entouraient.

La coupole éternelle d'un ciel sans tache leur avait donné l'idée des voûtes de leurs temples; les lignes harmonieuses ou géantes des montagnes et des rochers de la Grèce et de l'Attique, jointes aux traditions égyptiennes, avaient été les premiers éléments de leur architecture.

Mais l'inspiration des détails ne sortit pas tout armée de leur cerveau. Leurs fûts de colonnes furent calqués sur le stipe des Palmiers de Carthage, les stylobates sur la base dilatée de ces beaux arbres, et les chapiteaux sur leurs têtes aux lignes gracieuses. La volute copia ses enroulements sur les frondes en crosses des Fougères du mont Hymette ; les détails des oves et des moulures naquirent des fleurs, des feuillages et des fruits.

Mais une preuve plus concluante de cette appréciation juste et féconde des beaux feuillages, on la trouve dans l'histoire légendaire du chapiteau corinthien. Une jeune fille grecque avait perdu son fiancé. Sur son tombeau elle déposa un jour une corbeille pleine d'offrandes funèbres.

Grav. 9. — Acanthus Lusitanicus. (Voir page 84.)

C'était l'hiver ; la terre était nue. La corbeille fut abandonnée... ; le souvenir du fiancé s'en alla à la dérive, comme la plupart de nos affections d'ici-bas.

Aux premiers jours du printemps, un pied d'Acanthe, qui, par hasard, reposait aussi sous le vase aux présents, se mit à pousser. Les jeunes feuilles rencontrèrent l'obstacle ; elles se glissèrent dans les intervalles, entourèrent et remplirent la corbeille, retombant avec grâce sur ses bords transformés en une parure élégante.

Callimaque passa par là. Il vit ce travail du hasard, cet ornement de belles feuilles luisantes aux élégants festons, aux lignes gracieuses et pures.

Le chapiteau corinthien venait de naître dans le cerveau du grand sculpteur!.. On sait qu'il devint l'ornement sans rival du Parthénon et de presque tous les temples des dieux.

Les plantes à feuillage, qui avaient pu inspirer de pareils chefs-d'œuvre, devaient donc être en faveur chez les anciens, qui préféraient la ligne à la couleur, et savaient découvrir la véritable beauté partout où elle avait son refuge.

Malheureusement, les ombres de la décadence romaine obscurcirent ces belles traditions. En méprisant les produits de l'art, on dédaigna les causes qui les avaient inspirés. De même que toutes les autres branches de la culture, l'amour des beaux feuillages s'évanouit, ou plutôt s'endormit pour de longs siècles.

Il vient seulement de se réveiller.

En effet, excepté le style gothique et celui de la Renaissance, qui se firent des modèles en dehors des usages antiques en imaginant les Trèfles, les Lotus et mille fleurs fantastiques, l'architecture des temps qui nous ont précédé ne dénote pas qu'on ait tiré parti d'autres ornements végétaux que ceux de la Grèce et de Rome. Sous Louis XIV et Louis XV, partout l'Acanthe, et presque seul l'Acanthe, s'enroule en d'innombrables formes et agréments divers, avec noblesse et élégance, il est vrai, mais sans variété.

C'est que les éléments nouveaux manquaient aux hommes de génie de Versailles et du Louvre. Les cultures du temps n'avaient pas encore reçu ces plantes tropicales dont l'introduction est une des gloires de notre siècle et qui auront une véritable influence dans le mouvement artistique de nos jours.

Voici donc une ornementation nouvelle qui vient de naître. Nous disons qui vient de naître, car la plupart des espèces à beaux feuillages qui parent depuis peu nos parcs et nos jardins, existaient déjà dans nos serres. Mais les architectes et les artistes n'iront pas chercher dans les grands pavillons du Muséum des idées qui doivent être pliées à leur genre de travaux. Il faut qu'ils rencontrent partout ces modèles dans nos jardins, qu'ils s'habituent à les voir occuper une place choisie, qu'ils se pénètrent pour ainsi dire à leur insu du rôle de chacun et de la note qu'ils représentent dans ce concert harmonique des belles formes.

Déjà un habile architecte, qui partage tout à fait notre manière de voir sur ce point, M. Ruprich-Robert, a préparé les matériaux d'une *flore ornementale*, où les formes végétales les plus remarquables, copiées avec soin et modifiées avec art, se plient à toutes les acceptions de l'architecture.

Au lieu de fabriquer de toutes pièces des ornements fantastiques, la nature n'est-elle pas assez riche et ne peut-elle fournir plus de formes que l'imagination la plus féconde?

Les plantes à feuillage deviendront, nous en sommes convaincu, un de nos plus précieux éléments décoratifs dans les jardins et dans les beaux-arts. C'est un point de vue qui augmentera notablement les suffrages qu'elles ont déjà conquis.

§ II. Disposition des plantes à feuillage dans les jardins.

Bien qu'il soit difficile d'assigner des limites à la fantaisie individuelle, et que, surtout en matière de jardinage, tous les goûts soient dans la nature, la disposition des feuillages dans les jardins peut être soumise à des règles artistiques inspirées par un goût épuré dont on ne peut s'écarter qu'au prix de la confusion.

Avec de beaux matériaux on peut élever de fort laides constructions; avec de belles plantes, on peut aussi orner mal un jardin.

Il convient donc d'approprier le choix des plantes

ornementales que l'on cultive aux diverses conditions d'espace, de nature du sol, de moyens de culture, de fortune enfin, dont on dispose. Il est évident que la distribution ne sera pas identique dans un grand parc et dans un jardinet de ville, et que ce qui sera de bon goût et de grand effet dans l'un serait déplacé ou mesquin dans l'autre.

Harmonier toutes choses, c'est l'idéal, même en horticulture.

Nous pouvons donc distribuer les différents modes d'emploi de nos plantes suivant les observations précédentes et les diviser en trois catégories :

1° Les parcs et jardins paysagers;
2° Les jardins de ville;
3° Les jardins économiques.

1° *Parcs et jardins paysagers.*

Notre amour pour les plantes à feuillage ne va pas jusqu'à proscrire les fleurs, cette « fête des yeux, » comme disaient les Grecs, dont la grâce, le parfum, les belles couleurs ne sauraient jamais être effacés par d'autres ornements.

Mais nous croyons qu'il est bon de leur attribuer pour seul domaine les bords immédiats du château ou de la maison. Leur entretien sera plus facile. On sait que dans les grandes propriétés, où les jardiniers doivent courir au loin soigner les fleurs, la culture est généralement mauvaise ou très-coûteuse, et que l'effet est perdu au loin sans profit pour les yeux. On doit donc réserver les fleurs pour les seuls alentours de l'habitation ou de l'entrée principale.

Un jardin paysager bien tracé doit présenter du point le plus important, c'est-à-dire du pérystile de la maison, un ensemble de développements et de vues qui permettent d'en embrasser d'un seul coup d'œil les plus belles parties. Premiers plans et lointains auront été combinés par l'architecte habile de manière à former une succession de teintes et une variété d'aspects qui peignent le tout comme un tableau bien conçu.

Cette disposition est surtout obtenue par la gradation des teintes du feuillage dans les plantations de fond.

Sur les premiers plans, des massifs bas et serrés sont plantés en arbustes à feuilles persistantes d'un vert foncé et brillant, aux lignes nettes et pures, comme les Lauriers amandes, Lauriers de Portugal, Troënes du Japon, Viornes, Lauriers-tins, etc.

Peu à peu les massifs seront composés au centre d'arbrisseaux, puis de grands arbres à fleurs brillantes et à feuilles entières et larges, comme les Érables, les Platanes, les Ormes, les *Paulownia*, les Tilleuls. Leur base sera garnie de toute la tribu des arbustes à belle floraison et à large feuillage caduc.

Au troisième plan, les arbres et les arbustes à feuillage penné, vert tendre, continueront cette série descendante de la gamme chromatique des teintes.

Enfin, les lointains, suivant qu'ils se détacheront sur l'horizon ou sur une ligne de forêts, seront variés de composition par l'architecte habile en son art. Les feuillages les plus légers, aux nuances tendres, blanches et cendrées : Saules, Peupliers, Acacias, Oliviers de Bohême, Hippophaés, se profileront avec grâce et transparence sur le ciel et sur les gazons des prairies. Au contraire, si le fond est formé de Chênes et de Charmes de haute taille, on plantera par devant des essences analogues, puis d'autres à feuillages variés, pour couper l'uniformité du rideau, et permettre par devant des plantes plus basses à feuilles légères.

Cette disposition première, si elle a été bien entendue (ce qui est rare), permet de soumettre la décoration accessoire en plantes à feuillage aux mêmes règles, et de fondre le tableau entier dans un tout harmonieux du plus heureux aspect.

Avec les feuillages fermes, vernis et foncés des arbustes à feuilles persistantes, les plantes à feuillage fortement coloré comme les *Coleus* aux nuances de pourpre, sont d'un excellent emploi. Des corbeilles composées de plantes de différentes teintes forment la transition naturelle entre les fleurs et les lignes effacées des feuillages lointains.

Parfois aussi des corbeilles, vertes peu élevées, mais

Grav. 10. — Coleus Verschaffelti (Voir page 143.)

à feuillage pittoresque et élégant, seront jetées dans le voisinage; des *Aralia* ou des *Ficus*, par exemple.

Pour les pelouses, les groupes se composeront de plantes plutôt touffues qu'arborescentes et dont les détails de structure réclament l'attention de près. Des

Palmiers en pots, des Fougères en arbre, des Hibiscus de la Chine, des *Solanum* à feuillage teinté, formeront ces groupes par 1, 3 ou 5 de chaque espèce.

Les plans suivants seront formés de grandes corbeilles de *Canna, Caladium, Solanum, Wigandia*, jusqu'à ce qu'enfin, dans les lointains, des feuillages clairs, disposés en grandes masses de plus en plus élevées et volumineuses, composées de plantes vivaces ou annuelles, robustes et faciles à vivre, reculent fictivement la perspective et s'harmonient avec les derniers plans.

Telles sont les règles qui doivent présider à l'ornementation partielle des grands espaces par les plantes à feuillage.

Cependant, cette combinaison n'exclut pas entièrement l'emploi des fleurs.

Si, par fantaisie, on voulait se composer un jardin de moindre étendue, exclusivement de feuillages, on pourrait alors adopter la disposition suivante, qui enlève tout autre part de décoration.

Un monde de feuillages.

Pour faciliter la distribution des plantes dans un jardin spécialement consacré aux feuillages d'ornement, nous décrirons une propriété d'environ deux hectares offrant toutes les situations désirables pour les diverses espèces, et pouvant à la fois servir de modèle de jardin paysager.

Le château A, sur une hauteur, est placé au milieu d'une cour sablée, ornée au milieu d'un vasque L, et entourée d'une corbeille d'Amarantes bicolores bordées de *Centaurea plumosa*.

De chaque côté de la porte principale M, deux haies de Laurier-tin à hauteur de la grille bordent l'entrée jusqu'aux communs BB.

Le potager C est masqué d'un côté par un épais massif d'arbustes à feuilles persistantes avec bordure de *Lamium maculatum*, et de l'autre par une serre tempérée E, qui est elle-même remplie de Palmiers, de Fougères, d'Aroïdées, de *Cyanophyllum*, de *Caladium* colorés, de plantes tropicales à beau feuillage.

Un pavillon-chapelle D est également flanqué d'un massif toujours vert, entouré de *Coleus Verschaffelti* aux belles feuilles dentées, pourpre foncé.

Les rocailles F et le premier bassin, d'où s'échappent les eaux, donnent naissance à un ruisseau qui va se transformer dans le point bas du jardin en une pièce d'eau assez vaste, où s'épanouit la tribu des plantes aquatiques à feuilles pittoresques. Dans la partie submergée, les *Nymphœa*, les *Pontederia*, les *Thalia*, les *Nelumbium*, les *Sium*, les *Tipha*, les *Calla*, la Renoncule grande douve, peuplent les eaux d'une verdure élégante et variée, tandis que sur les bords à peine couverts d'eau sont implantés des *Epilobium, Cyperus, Arundo, Sagittaria, Rumex,* etc.

Entre les rocailles, quelques plantes grimpantes, comme *Boussingaultia, Ampelopsis, Smilax* et *Thladiantha* courent, se pressent, se tordent dans un désordre aimable. Sur les bords ou dans les interstices des pierres, suivant la force de la végétation et le besoin plus ou moins grand de nourriture, on a groupé sans règle, mais non sans art, les plantes suivantes : Digitales, *Gunnera, Spiræa aruncus,* Yuccas, *Urtica nivea, Phalaris* panachés, *Arum dracunculus, Arundo donax, Elymus arenarius, Heracleum, Helianthus orgyalis, Telekia,* Crambés, Bambous, *Festuca glauca, Acanthus, Andropogon, Ferula, Erianthus.* Toutes ces espèces sont vivaces et rustiques. A peine quelques feuilles en couverture sont-elles nécessaires à deux ou trois pour les garantir des hivers rigoureux. — Pendant l'été, cette décoration pourra s'augmenter de quelques touffes de Balisiers, *Hedychium, Sonchus laciniatus, Melianthus, Solanum* bizarres et pittoresques, et graminées d'ornement.

Les parties boisées, tout autour du jardin, et les massifs pleins qui entourent l'intersection des allées extérieures, sont composés de grands arbres et d'arbrisseaux dont le feuillage est l'ornement principal. On

EMPLOI ET DISTRIBUTION 71

choisira de préférence les espèces suivantes, si le terrain se prête à leur emploi : Alouchier satiné, Ailante,

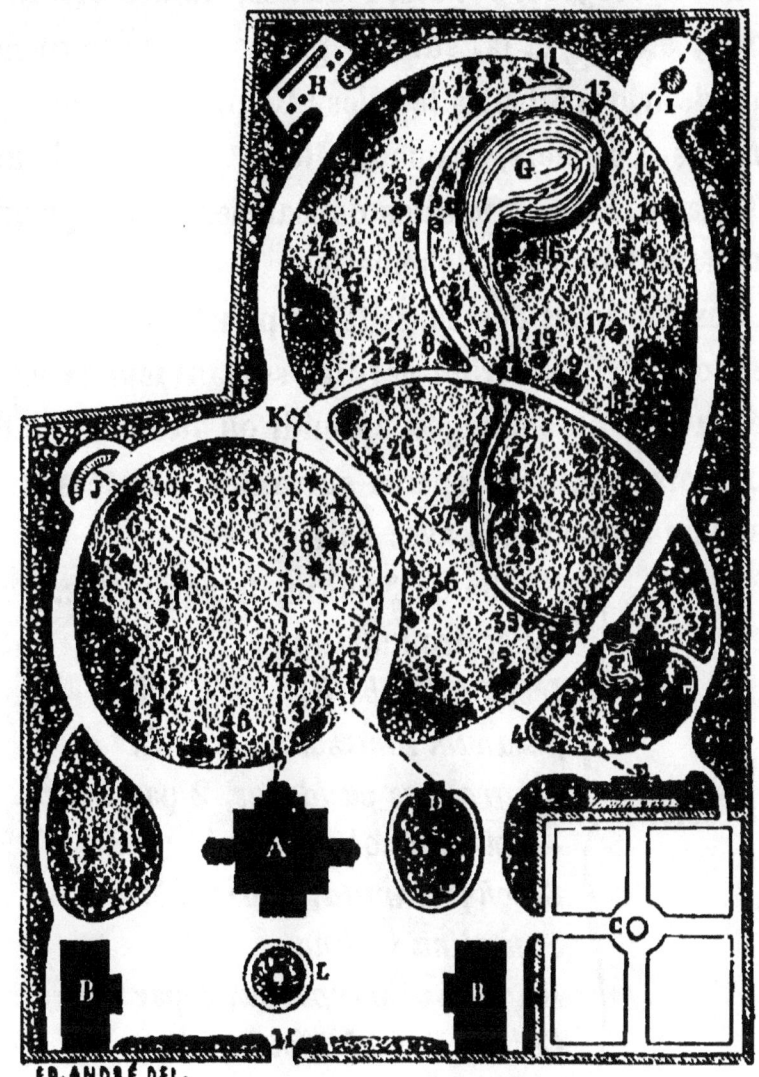

Grav 11. — Jardin paysager de 2 hectares.

Paulownia, Robiniers, Féviers épineux, Catalpas, *Koëlreuteria*, Noyers, Chênes et Frênes d'Amérique, Orme fauve, Noisetier pourpre, Tulipier, Peuplier de la Caroline, Virgilier, Sureaux, *Pavia*, Marronniers, *Diospyros*, Cytises, Platanes, Aulnes à feuilles en cœur, etc. Çà et là, sur les pelouses, isoler quelques grands arbres à belles feuilles : Conifères de choix, Magnolias, Tulipiers, Sumacs, Hêtre pourpre, Peuplier d'Ontario, Saule à feuilles de Laurier, Saule pleureur, Sophora, Olivier de Bohême, etc.

Les bordures des massifs du pourtour et des intersections d'allées seront garnies suivant leur exposition découverte ou ombragée, au midi ou au nord, de deux ou trois rangs des espèces suivantes, plantées en mai dans un sol composé avec soin :

Au soleil.
- Périlla de Nankin, 3 par mètre.
- Cinéraire maritime, id.
- *Irésine Herbstii*, id.
- *Solanum Amazonicum*, id.
- *Amarantus caudatus*, 2 par mètre.
- — *melancholichus ruber*, id.
- *Stachys lanata*, 4 par mètre.
- *Santolina incana*, id.
- *Beta — v. purpurea*, 3 par mètre.
- *Coleus Verschaffelti*, id.

A l'ombre.
- *Begonia discolor*, 3 par mètre.
- *Coleus scutellarioïdes*, id.
- *Senecio petasites*, id.
- *Commelyna zebrina*, 5 par mètre.
- *Panicum plicatum*, 4 par mètre.
- *Sedum carneum var.*, 6 par mètre.

La distribution des corbeilles numérotées est ainsi répartie :

N° 1. Terre de bruyère.	*Begonia heracleifolia.* — Centre. *Gnaphalium lanatum.* — Bordure.
N° 2. Terre franche et terreau.	*Centaurea cineraria.* — Centre. *Alternanthera paronychioïdes.*—Bordure.
N° 3. Terre de bruyère.	*Pelargonium mistress Pollock.* — Centre. *Kœniga mar. variegata.* — Bordure.
N° 4. Terre franche et terreau.	*Iresine Herbstii.* — Centre. *Senecio cineraria.* — Bordure.
N° 5. Terre de bruyère.	*Ficus elastica.* — Centre. *Commelyna zebrina.* — Planté en gazon sous les *Ficus.*
N° 6. Terre de bruyère.	*Begonia grandis.* — Centre. *Sedum carneum variegatum.* — Bordure.
N° 7. Terre franche et terreau.	*Solanum marginatum.* — Centre. — *Amazonicum.* — Bordure.
N° 8. Terre franche et terreau.	*Amaranthus mel. tricolor.* — Centre. *Panicum plicatum.* — Bordure.
N° 9. Terre franche et terreau.	*Salvia horminum.* — Centre. *Centaura Ragusina.* — Bordure.
N° 10. Terre franche et terreau.	*Canna Peruviana.* — Centre. — *zebrina.* — Bordure.
N° 11. Terre franche et terreau.	*Caladium esculentum.*

Les groupes isolés sur les pelouses, e rapportant également aux numéros du plan, sont disposés pour produire des contrastes de feuillages et non pas la succession de plans indiquée plus haut, qui n'est praticable que pour des espaces de plusieurs centaines de mètres.

Ici l'œil ne saurait être abusé : il faut seulement veiller à ce que des nuances dissidentes varient le paysage dans toute son étendue. Nous avons dit au chapitre *Culture* la préparation préalable du sol pour les plantes isolées.

N° 12. — 4 *Gynerium argenteum*. Terre franche.

N° 13. — 1 *Solanum glaucophyllum*. Terre franche copieusement fumée.

N° 14. — 1 *Eucalyptus globulus*. Terre franche et de bruyère.

N° 15. — 3 *Ferdinanda eminens*. Terre franche bien fumée.

N° 16. { 1 Saule à feuilles de Laurier.
1 *Taxodium distichum*.
1 Aulne lacinié.

N° 17. — 1 *Ricinus c. viridis*. Terre copieusement fumée.

N° 18. — 1 *Solanum auriculatum*. Terre franche bien fumée.

N° 19. — 1 *Erianthus Ravennæ*. Terre franche.

N° 20. — 1 *Ficus nobilis*. Terre de bruyère.

N° 21. — 1 *Solanum macranthum*. Terreau et terre sablonneuse.

N° 22. — 3 *Canna Porteana*. Terre franche fumée.

N° 23. — 1 *Polymnia maculata*. Terre franche très-abondamment fumée.

N° 24. — *Solanum Sieglengii*. Terre franche substantielle.

N° 25. — 7 Vernis du Japon, recepés tous les hivers sur la souche.

N° 26. — 1 *Andropogon formosum*. Terre franche bien fumée.

N° 27. — 1 *Nicotiana Wigandioïdes*. Terre franche copieusement fumée.

N° 28. — 1 *Musa ensete*. Terre franche et terreau.

N° 29. — 3 *Amarantus sanguineus*. Terreau presque pur.

N° 30. — 1 *Solanum Karstenii*. Terre franche et de bruyère.

N° 31. — 1 *Yucca gloriosa*. Terre franche.

N° 32. — 1 *Bambusa melake*. Terre franche et de bruyère.

N° 33. — 1 *Arundo donax variegata*. Terre de bruyère.

N° 34. — 1 *Montagnœa heracleifolia*. Terre franche et terreau.

N° 35. — 1 *Polygonum cuspidatum*. Terre profonde ordinaire.

Grav. 12. — Bocconia frutescens. (Voir page 107.)

N° 36. — 3 *Aralia papyrifera*. Terre franche et de bruyère.

N° 37. — 1 *Bocconia frutescens*. Terre franche et de bruyère.

N° 38. — 6 *Wigandia macrophylla*. T^{re} de bruyère.

N° 39. — 1 Ricin sanguin. Terreau presque pur et terre franche.

N° 40. — 1 *Saccharum Maddeni.* Terre de bruyère et franche.

N° 41. — { 2 Palmiers en bacs } 1 *Corypha australis.* 1 *Chamærops humilis.*

N° 42. — 1 *Solanum crinitum.* Terreau et terre franche.

N° 43. — 1 *Wigandia urens.* Terre de bruyère.

N° 44. — 1 *Hibiscus rosa Sinensis.* T^{re} de bruyère.

N° 45. — 1 *Caladium esc. Bataviæ.* Terreau et terre de bruyère.

N° 46. — 1 *Dracœna australis.* Terre de bruyère.

N° 47. — 1 *Solanum hyporhodium.* Terre franche et terreau.

N° 48. — 1 *Eucalyptus gigantea.* Terre de bruyère.

N° 49. — 1 *Acanthus Lusitanicus.* Terre substantielle.

2° *Jardins de ville.*

L'espace est ordinairement fort ménagé aux jardins des grandes villes, où le terrain est rare et cher.

Il devient nécessaire de connaître les espèces qui résistent bien aux influences délétères des centres de population, et d'y grouper les feuillages de manière à obtenir le meilleur effet sans difficultés de culture.

On ne saurait, dans ce cas, mieux faire que d'adopter les espèces en usage dans les squares de Paris, d'où les évaporations de gaz, les émanations insalubres et la fumée des usines ont fait proscrire un bon nombre de plantes.

Quelques corbeilles de *Coleus*, de Centaurée cinéraire, d'*Iresine Herbstii*, d'Amarantes, de Sauge hormin, de *Canna* et de *Caladium*, groupées de manière que les plus basses soient près de la maison et les plus élevées à l'extrémité du jardin, donnent les meilleurs résultats.

Les plantes à isoler sur les pelouses se recrutent parmi les *Wigandia*, *Eucalyptus*, *Hibiscus*, Ricins, *Solanum* variés, Balisiers, *Datura*, *Ferdinanda*, *Nicotiana*, *Yucca*, *Montagnœa*, *Polymnia*, *Verbesina*, *Gynerium*, *Aralia*, *Ficus*.

On laisse périr aux gelées la plupart de ces plantes, à l'exception des *Ficus*, que l'on rentre dans l'appartement comme ornement d'hiver, des *Gynerium* et des *Yucca*, qui ne craignent pas le froid, et des Balisiers, que l'on conserve à la cave.

Chaque printemps, après avoir bien labouré et fumé l'emplacement de chacune de ces espèces, on achète de jeunes pieds, si l'on habite Paris ou les environs, chez les horticulteurs consciencieux qui se sont fait une spécialité des plantes à feuillage ornemental.

C'est une dépense légère, et qui vaut cent fois mieux

que se donner l'ennui de conserver difficilement ces plantes pendant l'hiver.

Des arrosements copieux tout l'été, un tuteurage solide à chaque plante, et un épais paillis au pied, sont tout le nécessaire pour une belle végétation.

S'il était nécessaire d'invoquer un exemple entre tous, nous citerions le jardin de l'une de nos illustrations littéraires les plus aimées, le jardin de M. Jules Janin, à Passy, où le futur académicien ajoute chaque jour, de son esprit charmant et de sa main légère, une page à toutes les pages qu'il a écrites pour nos loisirs. Lui aussi, il a adopté des deux mains les plantes à beau feuillage, qui sont une de ses innocentes gloires et son plaisir de chaque jour.

3° *Jardins économiques.*

Nous appelons ainsi le jardinet de l'amateur à la bourse légère, qui ne serait pourtant pas fâché, le cas échéant, de tâter des plantes à beau feuillage. Il trouvera son compte dans cette immense tribu. De plébéiennes et rustiques espèces, qui souvent ne le cèdent guère à leurs voisines de haut parage, sont aussi l'apanage heureux des jardins déshérités de l'attirail coûteux des serres et des cultures de luxe. Toutes sont annuelles ou vivaces et croissent sans peine, mais non sans élégance, grâce aux soins les plus élémentaires.

Un coin au midi, avec un peu de terreau et un abri de toiles d'emballage fixées sur des bâtons, formeront la *Serre à multiplication* de l'amateur content de peu. Au mois d'avril il y sèmera ses plantes, les éclaircira avec soin dès qu'elles seront trop pressées, et les mettra en place aux premiers jours de mai.

Les premiers beaux jours aussi ramèneront l'heure où il devra songer à la séparation des touffes pour les espèces vivaces. Il les replantera séparément, dès la première quinzaine d'avril, dans la corbeille, la plate-bande ou la pelouse miniature qui fait ses plus chères délices.

Et souvent les résultats qu'il obtiendra, pour peu qu'il prenne souci de ses chères plantes, qu'il les arrose, qu'il les sarcle et qu'il les choie, seront supérieurs à ceux des grands parcs sillonnés par des jardiniers peu soucieux du bien de leurs maîtres.

Il pourra choisir dans la liste suivante, divisée en plantes de plates-bandes ou de corbeilles, annuelles ou vivaces, les espèces à isoler sur le gazon ou à planter parmi les fleurs, qu'elles dépasseront de toute leur haute stature.

1° *Plantes de corbeilles et plates-bandes.*

Canna Indica............... ⎫ Vivaces
— *Warscewiczii*......... ⎬ avec couverture
— *Annœi*............... ⎨ de feuilles
— *spectabilis*........... ⎭ l'hiver.

Amarantus mel. tricolor....... ⎫
— *bicolor*............ ⎬ Annuelles.
— *sanguineus*........ ⎭
Salvia horminum............. Annuelle.
— *patula*................ Bisannuelle.
Senecio maritima.......... . Cult. comm. ann.
Oxalis atropurpurea......... Bordure vivace.
Perilla Nankinensis .... Annuelle.
Santolina incana............. Vivace.
Solanum Balbisii .... Annuel.
— *laciniatum*.......... Annuel.
— *atrosanguineum* ..... Annuel.
Cleome pungens.............. Annuel.

2° *Plantes à isoler.*

Canna nigricans.............. ⎫
— *Liervalii* .... ⎪ Vivaces
— *imperator*........... ....· ⎬ avec couverture
— *Peruviana*........... ⎪ de feuilles
— *Amelia*........... ... ⎭ l'hiver.
Polygonum cuspidatum....... Vivace.
— *orientale*......... Annuel.
Ricinus sanguineus........... ⎫ Annuels.
— *viridis*............... ⎭
Solanum pyracanthum....... ⎫ Culture
— *auriculatum*....... ⎬ comme plantes
— *betaceum*......... ⎭ annuelles.

6

Yucca flexilis...............	
— *gloriosa*...............	Vivaces.
— *flaccida*...............	
Amarantus caudatus.........	Annuel.
Phalaris arundinacea picta..	Vivace.
Salvia sclarea...............	Annuelle.
Atriplex hortensis purpurea...	Annuelle.
Arum crinitum,.............	Vivace.
Gynerium argenteum.........	Vivace.
Phytolacca decandra.........	Vivace.
Crambe cordifolia...........	Vivace.
Arundo donax...............	Vivace.
Asclepias Cornuti............	Vivace.
Nicotiana tabacum,...........	Annuel.
— *glauca*.............	Cult. comm. ann.
Andropogon Halepensis.......	Vivace.
Urtica nivea..................	Vivace.
Brassica Sin. variés..........	Bisannuels.

Grav 13. — Dracœna et Caladium. (Voir pages 110 et 154).

CHAPITRE V.

LES PLANTES A FEUILLAGE ORNEMENTAL

—

N. B. Ce dictionnaire n'a pas la prétention de comprendre toutes les plantes à beau feuillage qui peuvent orner nos jardins; il n'embrasse que la plupart des espèces aujourd'hui cultivées dans ce but. Cependant ce nombre est encore trop considérable pour beaucoup des jardins. — Pour faciliter un choix restreint des plus belles espèces, nous les indiquons par un *.

Abobra viridiflora, Naudin. — *A. à fleurs vertes.* — *Cucurbitacées.* — Plante vivace grimpante de l'Amérique australe, fort élégante par ses feuilles palmées, déchiquetées, et ses petits fruits ovoïdes, rouge cocciné, qui mûrissent en automne. — Couverture de feuilles l'hiver; terre fumée; multiplication par graines et boutures. Propre à orner les tonnelles, treillages, etc.

Abutilon. — Voir *Sida.*

* **Acacia lophanta**, Willd. — *A. houppifère.* — *Mimosées.* — Arbrisseau de la Nouvelle-Hollande, à beau feuillage bipenné, léger et gracieux. Isoler sur les pelouses. Terre de bruyère. Hiverner en serre froide. Multipl. par graines.

A. julibrissin, Wild. — *A. arbre de soie.* — Bel arbre originaire de l'Orient, qui passe en plein air dans l'ouest et le midi de la France, où il forme un précieux ornement par son feuillage voisin du précédent et rehaussé de charmantes fleurs en houppes rosées. Isoler sur les pelouses, en terre franche. Rentrer en orangerie, ou tenter de le conserver dehors en couvrant le pied et le rabattant au printemps pour obtenir un feuillage plus rigoureux. Multipl. par graines.

Plusieurs autres Acacias à feuilles composées et gracieuses peuvent encore être utilisés sur les pelouses pendant l'été. Tels sont les *A. dealbata, Drummondii, spectabilis, Houstonii.*

* **Acanthus Lusitanicus**, Hort., — (*A. latifolius*, Hort.) — *Acanthe à larges feuilles.* — Acanthacées. — Belle plante vivace, qu'on dit originaire du Portugal et qui nous paraît tout simplement une variété plus vigoureuse de l'*A. mollis*, Lin. Ses belles feuilles vert-noir, découpées en lobes d'une pureté de lignes remarquable, s'arrondissent autour de la souche avec les découpures du chapiteau corinthien dont elles ont donné l'idée au sculpteur grec Callimaque. C'est une de nos plus belles plantes d'ornement pour isoler sur les pelouses. Elle se contente d'une terre franche bien fumée. On la multiplie par division des touffes au printemps. Couvrir l'hiver de feuilles ou d'une ruche de paille.

L'*A. mollis*, Lin., du midi, espèce type à proportions moins grandes, et l'*A. spinosus*, Lin., aux feuilles épineuses et plus découpées, se cultivent de même.

Ces trois espèces ajoutent à la beauté de leur feuillage de vigoureux épis de fleurs blanc-rosé qui surgissent de la touffe en juillet-août.

Acer. — *Érables.* — *Acérinées.* — Plusieurs arbres de ce genre nombreux sont remarquables par la forme ou la coloration de leur feuillage.

Parmi les espèces rustiques sous notre climat, on peut citer : l'*A. macrophyllum*, aux grandes feuilles palmées et longuement pétiolées, originaire de la haute Californie ; l'*A. pseudo-platanus purpureus*, ou Sycomore pourpre, dont le dessous des feuilles prend une teinte lie de vin foncé ; et par-dessus tous le charmant *A. negundo foliis variegatis*, dont le feuillage blanc, vert et rose forme un si brillant contraste avec le vert des gazons et les feuillages colorés qu'on peut lui opposer. Les deux premiers se plantent isolément, mais le Negundo panaché peut faire de très-jolis massifs bordés de Périllas ou d'Amarantes pourpres.

D'autres espèces plus délicates, comme les *A. rubrum, sanguineum*, de l'Amérique du Nord, *A. Colchicum rubrum*, et toute la collection de celles que M. de Siebold a rapportées du Japon : *A. palmatum, polymorphum* et leurs nombreuses variétés, demandent la terre de bruyère pure et un abri sur place pendant l'hiver. On multiplie ces espèces par marcottes. Quoi qu'on fasse, elles restent assez difficiles à cultiver.

Achillée.

Achillea Clavennæ, Lin. (*Ptarmica Clavennœ*, D. C.). — *Achillée de Clavenne*. — *Composées*. — Plante vivace des hautes montagnes, dont les feuilles duveteuses pennatifides, à lobes oblongs, d'une teinte uniforme argentée, font un joli effet en bordures. Les fleurs en corymbes blancs, en été, ajoutent au mérite de la plante. On peut aussi l'employer pour orner les rocailles. Toute terre légère; multipl. par éclats.

Achyranthes. Voir *Iresine*.

Agave, Lin., — *Agaves*. — *Amaryllidées*. — Un grand nombre d'espèces de ce nombreux et beau genre sont d'un haut ornement comme plantes isolées. En les livrant à la pleine terre pendant l'été, elles acquièrent un développement considérable et prêtent aux jardins un aspect tropical remarquable. On les relève à l'automne avec la plus grande facilité pour les conserver en serre froide et tempérée.

Les espèces les plus dignes de la culture estivale sont :

* **A. Americána**, et variétés.

— *applanata*,

— *dealbata*,

— *filifera*,

A. *lurida,*
— *chloracantha,*
— *Salmiana,*
— *xylinacantha,*
— *striata,*
— *attenuata,*
— *univittata.*

* **Ailantus glandulosa**, Desf. — Le Vernis du Japon, connu de tout le monde, et qui croît à merveille dans tous les terrains, devient une plante ornementale de premier mérite si on le recèpe par le pied chaque année. Son beau feuillage penné prend alors des dimensions extraordinaires.

Alchémille.

Alchemilla alpina, Lin. — *Alchémille des Alpes.* — *Rosacées.* — Cette espèce vivace et rampante a les feuilles pennatilobées, luisantes et argentées, ainsi que l'*A. hybrida,* Hoffm. Toutes deux peuvent faire des bordures ou mieux garnir les rocailles.

Alisma plantago, Lin. — *A. plantain d'eau.* — *Alismacées.* — Belle plante indigène, aquatique, à larges feuilles lancéolées, dressées, qui accompagnent d'immenses panicules de petites fleurs rosées.

Alocasia. — Voir *Caladium.*

Aloë, Lin. — *Aloès.* — Comme les Agaves, de nombreuses espèces d'Aloès se trouvent bien d'être culti vées l'été en pleine terre, isolément sur les pelouses. Toutes les grandes espèces sont propres à cet usage.

Althœa rosea, Lin. — *Rose trémière.* — *Malvacées.* — Ce n'est pas seulement par leurs belles fleurs que les Roses trémières sont recommandables ; leur port et leur feuillage sont d'un haut ornement, soit en groupes isolés, soit en corbeilles. Ce sont des plantes bisannuelles que l'on sème en juillet pour l'année suivante.

Alysse.

Alyssum saxatile variegatum. — *Alysse corbeille d'or panachée.* — *Crucifères.* — Cette variété de la corbeille d'or de nos jardins fait de très-jolies bordures et se classe parmi les bonnes variétés à feuilles panachées. la multiplie par éclats. Toute terre riche.

* Alternanthera paronychioïdes, A. Saint-Hil. — *Amarantacées.* — Petite planche couchée, gazonnante, originaire du Brésil. Vertes et jaune-pâle en serre, ses nombreuses petites feuilles recroquevillées se colorent, en plein soleil, des tons les plus frais et les plus variés, de rose, de saumon, de jaune et de vert tendre. On en fait de très-jolies bordures en terre ordinaire.

De nouvelles espèces du même genre, *A. spathulata*, Lem., *A. ficoïdea*, Moq. Tand., sont aussi fort jolies. Toutes se multiplient d'éclats ou de boutures.

Alysse. — Voir *Kœniga.*

Amarante.

* **Amarantus paniculatus sanguineus**, Hort. — *Amarante sanguine.* — *Amarantacées.* — Plante annuelle, des Indes-Orientales, à tige de 1 mètre environ, charnue, rouge sanguin ainsi que les feuilles. Corbeilles ou bordures pour les grands jardins.

* **A. melancholicus**, Lin. — *A. mélancolique.* — Plante plus basse, originaire de Ceylan. La variété *ruber* a les feuilles d'une coloration rouge vif très-jolie. Deux autres, les *A. m. tricolor* et *bicolor*, sont couronnées d'une rosette de feuilles jaunes, rouges et vertes, ou seulement jaunes et vertes, qui ressemblent à des fleurs brillantes. Corbeilles ou bordures.

A. lividus, Lin. — *A. livide.* — Également annuelle, originaire de la Virginie. Sa teinte rouge sombre et son port élevé en font une plante à isoler pour faire des contrastes.

A. speciosus, Sims. — *A. élégante.* — Du Népaul. Annuelle. Tige robuste de 1m,50, lavée de pourpre ainsi que les feuilles. Épis vigoureux et dressés de fleurs pourpres. Grouper sur les pelouses.

A. caudatus, Lin. — *A. à queue.* — Des Indes-Orientales. Tige annuelle de 1 mètre, striée, dressée, portant de grandes feuilles lancéolées, d'un vert gai, et des panicules retombantes de gros chatons pourpres. Grouper sur les pelouses.

Toutes ces Amarantes se cultivent avec la plus grande

facilité. Ce sont des plantes voraces qui demandent pour tous soins beaucoup d'engrais et d'eau. On les sème en mars sur couche pour les avoir plus fortes, et on les repique en place fin d'avril. On peut aussi les semer à demeure en avril-mai.

Amicia zygomeris, Dec. — *A. zygomère.* — *Papilionacées.* — Arbrisseau du Mexique, buissonnant, à feuilles longuement pétiolées, composées de cinq folioles en coin, glauques en dessous, à stipules nervées de rouge. Fleurs grandes, jaune-pâle. Terreau de feuilles et terre franche. Hiverner en serre tempérée. Isoler sur les pelouses. Multipl. de boutures.

Amorphophallus, Blume. — *Aroïdées.* — Genre de plantes fertile en espèces ornementales, qui ont été jusqu'ici rarement livrées à la pleine terre. La plupart sont originaires de l'Archipel indien et de l'Océanie. Elles présentent d'immenses feuilles palmatilobées couronnant des pétioles robustes et ordinairement zébrés. Les plus remarquables sont les *A. giganteus, campanulatus, nivosus.* On les cultive comme les Caladium, avec période de repos l'hiver. Plusieurs même passent mieux en serre froide. On en formera des groupes isolés en terre bien fumée.

Ananas.

Ananassa sativa variegata, Lindl. — *Ananas à feuilles panachées.* — *Broméliacées.* — Qu'on se figure les feuilles d'un Ananas ordinaire peintes de zones longitudinales et régulières de couleurs rouge, jaune, blanche, verte, on aura l'*A. panaché,* qui forme un des plus beaux ornements des serres chaudes.

Les *A. bracteata* et *Pinangensis,* plus nouveaux au commerce, n'en diffèrent que par la disposition différente et l'intensité des zones colorées.

On peut employer ces plantes isolément sur les pelouses, à la manière des Yuccas colorés, en ayant soin de les laisser en pot, en terre de bruyère, et de les relever avant les premiers froids pour les hiverner en bonne serre tempérée.

* **Andropogon formosum,** Hort.— *Barbon élégant.*— *Graminées.* — Gerbe vigoureuse de feuilles étroites, rubanées, retombant avec élégance tout le long des tiges, qui atteignent souvent 3 mètres. Isoler sur les pelouses. Terre riche en humus. Hiverner en serre. Séparation des touffes.

A. schœnanthus, Lin. — *B. odorant.* — 1m,50 à 2 mètres. Feuilles linéaires longues, rudes aux bords, d'un vert pâle, à odeur de citron. Plante vivace des Indes-Orientales.

A. sorghum, Brot. — *B. sorgho.* — Annuelles. Des Indes. Grande plante à tige simple, de 2 à 4 mètres, à feuilles grandes et larges, rudes; panicule

serrée, vaste, rameuse, dont on fait des balais dans le
le midi.

A. Halepensis, Sibth. — *B. d'Alep*. — Plante vivace,
de Syrie, atteignant 2 mètres. Tiges nombreuses, feuillues, teintées de violet, ainsi que les panicules nombreuses et rameuses.

On cultive encore les *A. saccharatus* et *muricatus*, plantes à la fois économiques et ornementales, et l'*A. squarrosus*, à feuilles étroites, rudes, canaliculées, teintées de violet, formant de belles touffes isolées.

Toutes ces espèces, moins la troisième, sont vivaces et doivent être rentrées l'hiver en serre tempérée. Toutefois, l'*A. Halepensis* résiste à nos hivers avec un abri de feuilles. Leur place est isolée sur les pelouses dans une terre riche et profonde.

Anthurium Hookeri, Kunth. — *A. de Hooker*. — *Aroïdées*. — Plante sans tige, originaire de Demerara, formant une touffe de feuilles dressées très-grandes, ovales, un peu aiguës, sessiles, charnues, d'un beau vert luisant.

A. crassinervium, Schott. — *A. à grosses nervures*. — Espèce de Caracas, voisine de la précédente. Elle diffère surtout par la proéminence de ses épaisses nervures sur les deux faces.

A. cordifolium, Kunth. — *A. à feuilles en cœur*. — Également sans tige, cette belle plante, originaire de l'Amérique équatoriale, porte de larges feuilles en cœur à la base et ovales deltoïdes allongées, sur des pétioles longs, arrondis, comprimés.

A. augustinum, Schott. — Feuilles épaisses, à limbe ovale, oblong, acuminées aux deux extrémités, portées sur un pétiole court et géniculé.

A. grandizolum. — Grandes feuilles cordiformes à nervures transparentes, au sommet de longs et robustes pétioles cylindriques comprimés.

Il existe encore un grand nombre d'*A.* à grand et beau feuillage. La culture de ces belles espèces, jusqu'ici confinées en Belgique et en Allemagne, commence à se répandre, au grand profit de nos serres et de nos jardins. Pour peu qu'on leur donne de l'eau et de la chaleur, on peut fort bien sortir l'été les *A.* à mi-ombre, où ils développeront tout le luxe de leurs splendides feuillages. Il leur faut une terre de *sphagnums* et de bruyère grossièrement concassée et mêlé de charbon de bois.

Arabis, Arabette. — *Crucifères.* — Plusieurs espèce de ce genre, connues dans nos jardins sous le nom de *corbeille d'argent,* présentent de jolies feuilles panachées dont on fait des bordures en terre ordinaire. On divise les touffes au mois de juin après la floraison. Ce sont :

A. alpina
A. mollis } *foliis variegatis.*
A. lucida

* **Aralia papyrifera**, Hook. — *A. à papier.* — *Araliacées.* — Ce bel arbrisseau, originaire, dit-on, de l'île Formose, est cultivé en Chine pour son intérêt industriel. La moelle centrale, coupée circulairement en feuillets et cylindrée, forme ce *papier de riz* si estimé pour les peintures chinoises et pour nos images de dévotion. Son importance comme plante ornementale est très-grande. Ses belles feuilles lobées, blanches laineuses en dessous, vert-cendré en dessus, portées par de longs pétioles, affectent le port d'un Palmier éventail et couronnent la tige, qui peut atteindre 2 mètres. Terre de bruyère, si faire se peut. Corbeilles ou groupes isolés. Rentrer en serre froide. Multipl. à froid en hiver par boutures de racines en terrines.

* **A. Sieboldii**, Hort. — *A. de Siebold.* — Arbuste japonais, dressé, garni d'un beau feuillage persistant, vert brillant, disposé régulièrement autour de la tige et palmé lobé. Résiste presque à nos hivers, et supporte, dit-on, 12 degrés de froid. Il est toutefois prudent de le rentrer. Terre de bruyère; isoler sur les pelouses ou en corbeilles.

Jolie variété nouvelle à feuilles panachées. Même usage.

A. Brownii, Hort. — *A. de Brown.* — Même port; feuilles tri ou 4-5 lobées, plus petites, même vert brillant. Emploi et cultures identiques.

* **A. Humboldtii**, Hort. — *A. de Humboldt.* — Magni-

Grav. 14. — *Aralia papyrifera.*

fique espèce originaire probablement de la Jamaïque, et formant un arbre à tiges vertes robustes, à rameaux réguliers. Les feuilles sont grandes, longuement pétiolées, en cœur, ondulées, vert foncé, plus pâles en dessous. Son effet ornemental est des plus remarquables. Sa rareté empêche qu'on l'emploie autrement qu'isolé, sur les pelouses, en terre de bruyère.

A. platanifolia. — *A. à feuilles de Platane.* — Beau feuillage étalé, lobé comme celui du Platane, et couvert d'une pubescence granuleuse, fauve.

A. parasitica. — *A. parasite.* — Belles feuilles palmées à divisions pédicellées. — Pétioles et pédicelles longs et brun-fauve.

Le genre *Aralia* a fourni depuis quelques années un nombreux contingent à la culture. Presque toutes les espèces qui le composent ont de beaux feuillages d'ornement pour la serre froide et la pleine terre l'été. Les essais n'ont encore porté que sur un petit nombre d'espèces, qui toutes rentrent sous la loi de celles que nous venons d'indiquer. Nous croyons toutefois que les espèces suivantes ne leur en céderont guère par la beauté du port et l'élégance du feuillage. Nous conserverons le nom général d'Aralia, bien que plusieurs de ces espèces rentrent dans d'autres genres dus à la révision qu'en ont faite MM. Decaisne et Planchon, et que nous indiquons entre parenthèses :

A. palmata, Lind. — (*Oreopanax.*)
— **elegans,** Lind. — (*Id.*)
— **catalpæfolia,** Hort. — (*Hedera.*)
— **jatrophæfolia,** Keneth. — (*Oreopanax.*)
— **digitata,** Hort. — (*Gastonia.*)
— **capitata,** Jacq. — (*Hedera.*)
— **leptophylla,** Lind. — (*Oreopanax.*)

A. **macrophylla**, Lind. (*Id.*)

— **excisa**, Hort. — (*Gilibertia.*)

— **dactylifolia**, Hort. — (*Dydimopanax.*)

La culture et la multiplication seront identiques pour toutes ces espèces.

Les *A. spinosa* et *Japonica* sont encore de très-belles plantes d'ornement, arborescentes et rustiques sous nos climats. Leurs belles feuilles pennées et leurs immenses corymbes sont d'une rare élégance.

Arenga. Voir *Palmiers*.

Aristoloche.

Aristolochia sipho, l'Hér. — *Aristoloche siphon.* — *Aristolochiées.* — Plante grimpante des États-Unis, dont les larges feuilles en cœur, d'un vert gai, et l'abondante végétation, sont d'un précieux secours pour la garniture des tonnelles, berceaux, troncs d'arbres, etc. Rustique et ligneuse; toute terre. Mult. de boutures.

D'autres espèces d'Aristoloches pourraient se cultiver en plein air, mais leur feuillage offrirait peu d'intérêt, et nos étés laissent peu d'espoir de voir développer les bizarres et immenses fleurs de quelques-unes d'entre elles.

Armoise.

Artemisia argentea, l'Hér. — *Armoise argentée.* — *Composées.* — Tige suffrutescente rameuse; feuilles très-découpées, argentées, d'un joli effet en corbeilles, ou en vieux pieds isolés, sur les rocailles et sur les pelouses.

Plusieurs autres espèces, les *A. Canariensis, arborescens, gnaphaloïdes,* pourraient être employées aux mêmes usages. Toutes se multiplient de boutures et se rentrent en orangerie.

Artocarpus imperialis. — *Jacquier impérial.* — *Artocarpées.* — Grand arbre à port régulier, à feuilles larges, en forme de cœur, teintées de rose dans leur jeunesse et caduques. Cultiver en larges pots pleins de terre substantielle, et l'employer l'été isolément sur les pelouses pour le rentrer l'hiver en serre tempérée. Le véritable Jacquier ou Arbre à pain (*A. incisa*), qui présente de larges feuilles rugueuses et profondément incisées lobées, se cultive de même.

Arum dracunculus, L. — *Gouet serpentaire.* — *Aroïdées.* — Vieille plante vivace de nos jardins, dont les feuilles à 5 divisions profondes et élégantes, à pétioles marbrés, et les énormes fleurs à cornet lie de vin, sont d'un très-bon effet isolément sur les pelouses. Terre substantielle; séparation des touffes. Culture presque nulle.

A. crinitum, Ait. — *G. chevelu.* — Feuilles pédalées, à 5-7 divisions, spathe étalée, plus petite que le précédent, d'un violet livide. Tous deux fleurissent en juin et se valent comme intérêt cultural, mais l'odeur repoussante de leurs fleurs les exclut de certains jardins.

* **Arundinaria falcata**, Nees. — *A. en faux.* — *Graminées.* — Plante vivace, sous-ligneuse, du Népaul, à végétation vigoureuse, et très-élégante sur les pelouses par ses tiges et ses feuilles étroites, en faucille, d'un vert clair et brillant. Terre meuble et substantielle ; couvrir de feuilles l'hiver. Orne bien aussi les rocailles. Multipl. d'éclats sur couche au printemps.

* **Arundo donax**, Lin. — *Canne de Provence.* — Grande plante vivace, indigène, à tiges de 4 à 5 mètres, noueuses et munies de belles feuilles en épée, retombantes et très-ornementales. Ces grandes gerbes sont le plus bel ornement du bord des eaux. On la multiplie par éclats ; toute terre lui convient, pourvu qu'elle soit fraîche et profonde.

* La variété à feuilles rubanées de blanc, *A. d. variegata*, est très-élégante, mais plus délicate. Il est bon de la tenir en terre de bruyère tourbeuse et drainée et de la rentrer l'hiver.

A. Mauritanica, Desf. — *A. d'Algérie.* — Tiges plus grêles que l'*A. donax*, et rubanées de jaune dans le jeune âge ; feuilles plus étroites. Mêmes emploi et culture.

La variété panachée du Roseau ordinaire (*A. phrag-*

nistes *variegata*) est d'un joli effet sur le bord des eaux. Plante vorace; toute culture.

Asclepias Cornuti, Dne. — *A. à la ouate.* — *Asclépiadées.* — Grande plante vivace traçante, de l'Amérique septentrionale, atteignant 2 mètres. Ses tiges et ses feuilles elliptiques vert-cendré, et ses capitules de fleurs rosées auxquelles succèdent des fruits volumineux, cornus, qui contiennent des graines avec appendices soyeux, sont un ornement d'autant plus précieux pour les grands jardins paysagers que la plante ne demande aucun soin. Au contraire, il faut en enlever les stolons qui tracent à profusion. Toute terre; en groupes ou en corbeilles.

Aspidistra elatior, Blume. — *A. élevé.* — *Liliacées.* — Plante vivace, de la Chine, formant de belles touffes à feuilles radicales lancéolées, contournées, d'un beau vert noir, dressées et longues de 50 à 80 cent. sur une largeur de 10 à 15. Elle forme de jolies bordures en terre de bruyère ou même en terre ordinaire. Serre froide l'hiver. Une des meilleures plantes d'appartement. On en cultive quatre ou cinq variétés, à feuilles maculées, ponctuées ou zonées de blanc.

Aspidium. —Voir *Fougères.*

Astelia Banksii, Cun. — *A. de Banks.* — *Astéliacées.* — Plante herbacée, de la Nouvelle-Zélande, à feuilles en glaive, de 1 mètre de long et plus, canaliculées, rayées et blanc satiné en dessous. Orangerie. Forme de jolies touffes isolées, dans le genre des *Phormium*. Toute terre et toute culture ; séparation des touffes.

Astilbe rivularis, Hamilt. — *A. des rivages.* — *Saxifragées.* — Plante vivace de pleine terre, originaire du Népaul. Ses racines sont traçantes ; son feuillage grand, divisé, à divisions serrées, et ses panicules blanchâtres en font une plante décorative pour les pelouses, qui croît sans abri l'hiver et sans autre précaution qu'une terre substantielle. Isoler sur le bord des eaux.

Athyrium. — Voir *Fougères.*

* **Atriplex hortensis purpurea.** — *Arroche à feuilles pourpres.* — *Chénopodées.* — Plante annuelle, haute de 2 mètres, dont le type est une plante potagère originaire de Tartarie. La variété à feuilles pourpres prend un éclat très-vif en massifs, associée à des plantes à feuillage blanc, comme le Negundo panaché ou la Cinéraire maritime. Semer sur place en bonne terre bien fumée.

Balantium. — Voir *Fougères.*

Balisiers. — Voir *Canna.*

Balsamine. — Voir *Impatiens.*

Bambou.

* **Bambusa metake**, Hort. — *Bambou métaké.* — *Graminées.* — Plante vivace de Chine, à tiges ligneuses, pouvant fournir des cannes quand elles ont plusieurs années, et cachées par les gaînes des feuilles. Elles atteignent 2^m,50 et se couvrent de larges feuilles persistantes, vert-noir. Rustique; pleine terre. Isoler au bord des eaux; mult. par stolons.

B. aurea, hort. — *B. doré.* — Plante chinoise ainsi que la précédente; elle forme une touffe de tiges grêles, jaune-doré, très-rameuses, élégantes, pourvues de feuilles lancéolées aiguës, vert-clair.

B. nigra, Lin. — *B. noir.* — *Chine.* — Port du précédent; tiges noires luisantes.

* **B. viridi-glaucescens.** Carr. — *B. vert glauque.* — Belle plante des mêmes régions, à tiges hautes de 2 à 3 mètres, touffue, rameuse, vert-clair; feuilles nombreuses, étroites et glaucescentes ou bleuâtres en dessous.

B. edulis. — *B. comestible.* — Tiges vigoureuses, peu fournies, mais très-élégantes. Feuilles petites, vert-pâle.

B. verticillata. — *B. verticillé.* — Plante élevée, à tigelles jaunes, à rameaux verticillés portant des feuilles petites, étroites, vert-noir.

B. mitis. — *B. doux.* — Plante touffue, à tige pourvues de nœuds noirs brillants à reflets bleu tendre; feuilles larges, courtes, d'un beau vert.

B. Thouarsii. — *B. de Dupetit-Thouars.* — Espèc

géante, pouvant atteindre les dimensions du grand bambou de l'Inde; grandes feuilles très-ornementales.

B. Indica, Lin. — *B. de l'Inde.* — Espèce atteignant 15 à 20 mètres de hauteur et dont les tiges servent aux Indes à fabriquer des canaux, des vases, et divers ustensiles économiques.

Ces deux espèces sont très-ornementales, mais elles réclament la serre chaude pendant l'hiver, et ne peuvent être confiées au plein air qu'en bacs, près des eaux et dans les années chaudes.

Les autres espèces de pleine terre, auxquelles on peut ajouter les *B. scriptoria, spinosa, stricta, distorta,* qui n'ont pas encore été assez expérimentées, supportent bien nos hivers ordinaires, surtout si on les garnit de ruches de paille et de feuilles au pied pendant les grands froids.

Isolés sur les plouses, au pied des rocailles ou sur les bords des eaux, les Bambous sont d'un aspect fort élégant. On les multiplie par division de touffes au printemps, et ils aiment tous la terre de bruyère.

Bananiers. — Voir *Musa.*

Barbon. — Voir *Andropogon.*

***Begonia macrophylla**, Dryand.—*B. à grandes feuilles.*—Bégoniacées.—Plante de la Jamaïque, formant une touffe de feuilles radicales, orbiculaires aiguës, énormes, atteignant 80 centimètres de diamètre, vertes et charnues, supportées par de longs et robustes pétioles, et parfois se couronnant d'énormes panicules de fleurs blanches. Cette plante diffère du *B. peponifolia* par ses plus grandes dimensions et ses écailles non teintées de

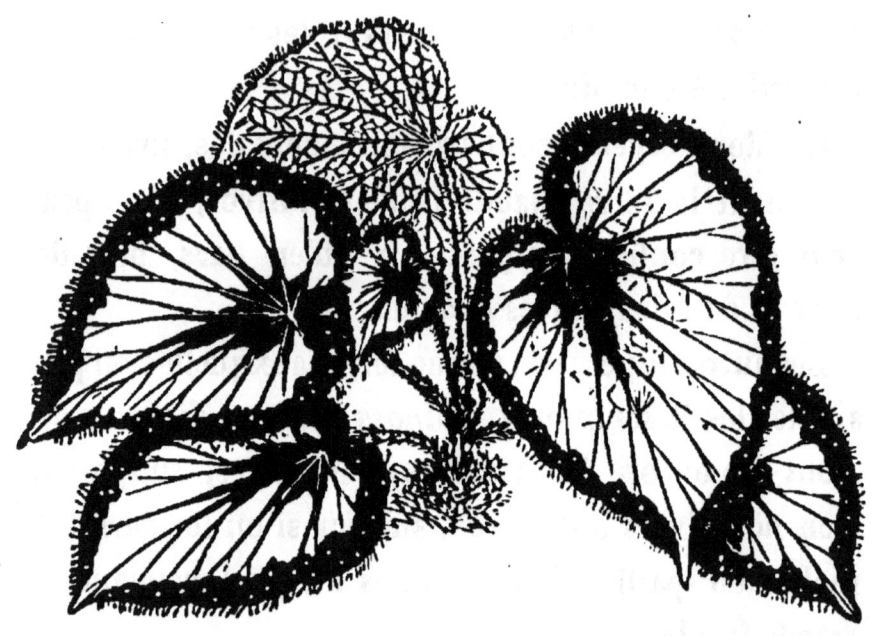

Grav. 15. — Begonia rex v. grandis.

rouge. Elle existe au commerce sous le nom de *B. Boliviana*, qui ne doit pas être conservé. Terre de bruyère; corbeilles à mi-ombre. Rentrer en serre tempérée.

* **B. heracleifolia**, Cham. et Schelch. — *B. à feuilles de Berce*. — Plante à rhizôme charnu, à feuilles très-grandes, lobées comme celles de la Berce ou du Ricin, ciliées, presque régulières, à robustes et longs pétioles maculés de rouge; fleurs en panicules lâches, élevées, d'un beau rose.

Superbe plante du Mexique, excellente pour corbeilles à mi-ombre. Elle a produit une quantité de variétés dans les fleurs et surtout le feuillage, que l'on a confondues avec le *B. ricinifolia*, peu ou point connu dans les collections. La plus répandue est celle à feuilles ponctuées, faussement nommée *B. ric. maculata* ou *punctata*. Elle est moins vigoureuse que le type; ses feuilles sont maculées de brun pourpre. M. Regel a réuni et déterminé les variétés de cette espèce sous les noms suivants, qu'il est bon de graver en sa mémoire, pour ne pas être abusé par les fausses dénominations du commerce.

Beg. h. genuina, feuilles vertes; tige portant des anneaux barbus hispides.

B. h. punctata, feuilles noirâtres en dessus, bords rouges en dessous.

B. h. nigricans, feuilles vertes, maculées de noir-roux sur les bords.

B. h. longipila, pétioles purpurins, vêtus au sommet d'anneaux de longs poils; feuilles vertes à nervures blanches et vert-émeraude, purpurines en dessous.

* **B. rex var. grandis,** Hort. — Variété issue du *B. rex*, et identique au *B. imperator* de Rollisson. Ses grandes feuilles pourpre sanguin, zonées d'acier bruni, ciliées, rouges en dessous, et atteignant 40 centimètres de longueur, font de très-jolies corbeilles à l'ombre. C'est jusqu'ici la meilleure variété à grand feuillage coloré pour la pleine terre.

* **B. discolor**, R. Br. — *B. bicolore.* — Plante tuberculeuse, de la Chine, à tiges charnues annuelles; feuilles en cœur, aiguës, réticulées de rouge vif surtout en dessous; jolies fleurs roses. Fait de jolies bordures et corbeilles. Mult. par semis de bulbilles au printemps.

B. tomentosa, Hort. — *B. tomenteux.* — Tige de 1 mètre. Feuilles orbiculaires obliques aiguës, tomenteuses, vertes en dessus, rouge-vineux en dessous, larges de 25 cent. Jolie espèce pour corbeilles à mi-ombre.

Ces Bégonias sont jusqu'ici les meilleurs comme plantes à feuillage pour le plein air. Peut-être pourrait-on en trouver d'autres si on se livrait à de sérieux essais. Tous demandent la terre de bruyère; une situation mi-ombragée et se rentrent avant les froids. Multipl. hivernale par boutures de feuilles. Bonne serre tempérée. Éviter la pourriture des feuilles.

Berce. — Voir *Heracleum.*

Berle. — Voir *Sium.*

Beta vulgaris, Lin. — **Var. purpurea.** — *Poirée à feuilles rouges.* — *Chénopodées.* — On connaît l'intensité de coloration que prend la poirée à cardes dans la variété pourpre; les côtes et les nervures surtout sont d'un éclat très-vif.

On peut l'employer pour faire des bordures, contrastant avec la variété jaune (*B. vulg. aurea*), dont les teintes sont aussi très-brillantes.

De plus, ces plantes sont aussi rustiques que la betterave et se cultivent de même.

Blechnum. — Voir *Fougères*.

Blumea balsamifera, Hort. — *B. balsamique.* — *Composées.* — Plante de 1 mètre, à feuilles sessiles, ovales lancéolées, longues de 0ᵐ,50, disposées en rosettes, un peu glauques et régulièrement nervées.

B. macrophylla. — *B. à grandes feuilles.* — Plus grand dans son feuillage et d'un vert intense.

Bonnes plantes à isoler. Terre substantielle. Rentrer en serre tempérée.

***Bocconia frutescens,** Lin. — *B. ligneuse.* — *Papavéracées.* — Plante dressée, du Mexique, à grandes feuilles glauques lancéolées, à lobes dentés, de forme et de disposition très-élégantes. Isoler ou grouper sur les pelouses en terre de bruyère et terre franche. Plante des plus jolies à la pleine terre. Mult. de graines en avril. Serre tempérée l'hiver. Planter surtout de sujets plants de l'année. (Voir p. 76.)

B. cordata. — Plante vivace, de Chine, à feuilles glauques cordiformes, dentées, veinées. — Isoler; assez délicate. Séparation des touffes au printemps. Couverture l'hiver. Craint l'humidité surtout.

Bœhmeria argentea, Guil. — *(Urtica argentea, Forst.)* — *Urticées.* — Feuilles pétiolées, oblongues larges et lancéolées, étalées, couvertes de plaques argentées en dessus. — Isoler à l'ombre en terre de bruyère. — Rentrer l'hiver en serre tempérée. Bouturer en serre.

Boussingaultia baselloïdes, Kunth. — *B. à feuilles de baselle.* — *Basellées.* — Plante vivace, grimpante, originaire de Quito, dont la souche volumineuse donne naissance chaque printemps à une multitude de tiges qui garnissent les tonnelles, murs, treillages, etc., d'un manteau de feuilles cordiformes, charnues, vert-foncé, entremêlées de jolies petites grappes blanches. — Toute culture; terre profonde. Séparation des tubercules. Couvrir de feuilles l'hiver.

Brassica Sinensis crispa. — *Chou de la Chine à feuilles crispées.* — *Crucifères.* — Cette jolie variété, ainsi que ses voisines les panachées de rouge, de vert, de blanc, frisées, gaufrées, tuyautées, vernies et satinées, deviennent pendant l'hiver les plus belles; nous dirons les seules plantes ornementales de nos jardins.

Les plus jolies, représentées par notre gravure, peuvent se dénommer ainsi :

N° 1. — *Chou lacinié vert noir;*

N° 2. — *Chou glacé bullé vert;*

N° 3. — *Chou frangé à nervures violettes;*

N° 4. — *Chou glacé, gaufré, à nervures blanches.*
Elles défient nos plus rudes hivers, et sous la neige et les glaçons, elles ressemblent à de jolis petits Pal-

Grav. 16. — Brassica Sinensis var.

miers multicolores. On les sème au printemps pour les avoir forts et bien colorés l'hiver suivant. Terre meuble et fumée.

Bryophyllum proliferum. — *Bryophylle prolifère.* — *Crassulacées.* — Sous-arbrisseau de 1 mètre, portant de grandes feuilles opposées, sinuées, régulièrement et largement crénelées et charnues, cassantes. Port robuste et assez élégant. Multipl. de boutures de feuilles en serre, l'hiver; chaque entre-dent développe une plante. Terre de bruyère; isoler sur les pelouses.

Buphthalmum. — Voir *Telekia*.

Caladium. — Nous rassemblons sous ce titre général une série d'espèces de haut ornement disséminées scientifiquement dans plusieurs genres : *Alocasia, Colocasia, Xanthosoma, Caladium*. Le commerce n'a pas adopté ces subdivisions, difficiles à saisir, et il désigne sous la rubrique *Caladium* tout ce qui rentre dans des caractères d'ensemble voisins. Nous en userons ainsi pour être plus facilement compris de tous.

Depuis que la faveur s'attache aux plantes à beau feuillage, les Caladium ont pris une importance qui n'a pu être dépassée par aucun autre genre. En effet, pendant que nos serres se remplissaient des espèces à feuillage coloré que M. Baraquin et autres collecteurs envoyaient du Para, de la Bolivie, de plusieurs régions tropicales de l'Amérique, les espèces à grand feuillage aussi arrivaient en foule pour orner nos jardins.

Aux anciennes espèces, connues et introduites depuis longtemps, se sont ajoutées toutes les nouvelles introductions, qui ont varié à l'infini la gamme des tons et l'élégance des formes de ces belles plantes. Il en arrive tous les jours encore et force nous est de faire un choix parmi les plus belles.

* **C. esculentum**, Vent. (*Colocasia esculenta*, Schott.) — *C. comestible*. — *Aroïdées*. — Cette magnifique plante, cultivée depuis un temps immémorial aux Indes et en Amérique, sous les noms de *Taïo* et *Taro*, pour le produit alimentaire de sa racine, a une origine mal connue. Au point de vue ornemental, elle ne le cède à aucune autre plante.

D'une souche robuste sortent d'immenses feuilles peltées et en cœur, qui, dans les années chaudes et quand les pieds sont forts, acquièrent jusqu'à 1^m,60 de diamètre. Leur vaste limbe en bouclier, d'un vert lustré, parcouru par des nervures pennées et sur lequel les gouttes de rosée roulent comme autant de perles, est supporté par de robustes pétioles atteignant 2 mètres, cylindriques, engaînants à la base et au sommet desquels il se balance avec grâce.

En corbeilles détachées sur les pelouses ou le fond vert des bois, rien n'égale la majesté, nous pouvons le dire, de cette végétation tropicale et inconnue jusqu'ici dans nos parcs.

De nombreuses variétés du *C. esculentum*, sorties soit des régions tropicales, soit de nos propres cultures, sont déjà connues au commerce. Doivent rentrer sous ce type les *C. Sallieri* et *Bataviæ*, qui n'en diffèrent que par la coloration brun-rouge des pétioles.

* **C. odorum**, Hort. (*Col. odora*, Brongt.) — *C. odorant*. — Plante indienne à tige forte, charnue et grise, élevée de plusieurs mètres. Feuilles à pétioles engaînants et robustes; nervures très-saillantes; limbe dressé cordiforme, de plus de 1 mètre de longueur. Très-belle espèce à isoler sur les pelouses, où elle contraste avec toutes ses congénères par son port arborescent.

* **C. violaceum**, Desf. — Port du *Cal. escul.*, mais feuilles plus longuement pétiolées, divariquées, à limbe cunéiforme ovale, à nervures d'un beau violet poudreux ainsi que le pétiole. Très-élégante espèce.

Variété : *albo violaceum*, à pétioles plus courts, moins colorés, liserés de blanc irrégulièrement.

* **C. nymphæœfolium**, Hort. — (*Col. nymphæœfolia*, Kunth.) — (*C. à feuilles de Nymphéa*). — Très-belle espèce à grandes feuilles, étalées, d'un vert tendre glaucescent, uniforme; pétiole robuste à la base et brusquement aminci au sommet; nervures du limbe très-saillantes.

* **C. sagittifolium**, Vent. — (*Xanthosoma sagittifolium*, Schott.) — *C. à feuilles sagittées*. — Feuilles radicales, nettement sagittées, vert-foncé, supportées sur des pétioles moins robustes que les précédentes. Forme pure, élégante. Antilles.

* **C. macrorhizum**, Hort. — (*Coloc. macrorhiza*, Sch.) — *C. à grosses racines*. — Plante sans tige, à gros tubercules, originaire de Ceylan. Feuilles grandes, en cœur, un peu sinuées, échancrées à la base. Beau port; grande vigueur. Variété délicate à feuilles panachées.

* **C. metallicum**, Hort. — (*Non Alocasia metallica*, Sch.). — *C. métallique*. — Plante à feuilles dressées, à nervures très-saillantes, à limbe non pelté, cordiforme sagitté, bullé, d'un beau ton violet foncé à reflets de bronze florentin. Craint le grand soleil.

C. divaricatum, Hort. — *C. divariqué*. — Belles feuilles écartées, d'un vert-noir teinté de violacé; gaînes irrégulièrement bordées de violet-noir. Superbe plante.

C. Parimaense, Hort. — *C. de Parima*. — Pétioles grêles d'un vert tendre violacé à la base; limbe cunéiforme tourmenté, à sinus profonds retombant en œillettes de chaque côté de la base.

C. nigrescens, Hort. — *C. noirâtre*. — Beau feuillage en fer de flèche, vert-noir; pétiole court, noir violacé.

C. atrovirens, Hort. — *C. vert-noir*. — Superbe plante élancée, à feuilles hastées, dressées, d'un beau vert-noir, supportées par de longs et élégants pétioles d'un vert-bleu pruineux.

C. antiquorum, Hort. — *C. des anciens*. — Espèce

que nous n'avons guère vue que dans les serres de la ville de Paris, où nous l'avons cultivée plusieurs années, et qui, malgré son nom, ne paraît pas se rapporter à la Colocase des anciens. Elle est caractérisée par des pétioles brun-rouge, très-grêles et très-longs (2 mètres), supportant un limbe ovale pelté, relativement petit.

C. pictum, Hort. — *C. peint.* — Seule espèce maculée de blanc qui puisse se cultiver dehors à mi-ombre. Ses dimensions assez grandes et ses feuilles piquetées de blanc, font un bon effet en corbeilles de terre de bruyère.

C. viviparum, Lin. — (*Remusatia vivipara,* Schott.) — *C. vivipare.* — Espèce singulière par ses stolons étoilés de bulbilles qui reproduisent la plante. Espèce ornementale par ses larges feuilles cordiformes, teintées de brun par-dessous. Avec une culture soignée, on arrive à doubler les proportions ordinaires de ces feuilles.

Telles sont les principales espèces des *Cal.* à grand feuillage qui peuvent orner nos jardins et nos parcs. Encore n'y a-t-il que la ville de Paris qui puisse montrer cette collection cultivée en grand. On ne connaît guère communément dans le commerce que les *Cal. odorum, esculentum* et *violaceum.* Et pourtant combien il y aurait encore d'additions à faire à la liste précédente! Que de richesses encore enfouies dans les forêts des Cordilières du Pérou, de la Colombie, du Vénézuéla, de l'Archipel indien! Nous les aurons

Grav. 17. — Caladium sagittifolium.

bientôt, il faut l'espérer; elles imprimeront un cachet de plus en plus tropical à nos jardins.

Culture. — La culture des *Caladium* à grand feuillage usitée à la ville de Paris est celle-ci :

Planter au 15 mai, en plein air, en corbeilles de terre franche, de bruyère et terreau par parties égales, chaque pied distant de 1 mètre de son voisin. Pailler et arroser fortement pendant les chaleurs. Rentrer tard : 15 octobre. Empoter les plantes, en leur ôtant la moitié des feuilles, dans des pots relativement petits. Faire *ressuyer* dans une serre non chauffée. Enlever les feuilles à mesure qu'elles pourrissent. Laisser une période de repos de un mois ou six semaines. Mettre ensuite dans une demi-végétation, chauffant peu, jusqu'en février-mars. Forcer à cette époque le chauffage jusqu'à un mois de la sortie, où l'on ralentit pour durcir les plantes. Sortir par un temps couvert, abriter du soleil un jour ou deux.

D'autres font subir aux *Caladium* une période complète de repos hivernal, comme les Dahlias à racines nues. Nous ne suivons plus guère ce mode que pour le *C. esculentum*, et encore ! Une demi-végétation permanente vaut mieux.

On les multiplie au moyen des œilletons que l'on détache au relevage d'automne et que l'on met à pousser immédiatement sur couche.

Calla Œthiopica, Lin. — (*Richardia Œthiopica*, Kunth.) — *C. d'Éthiopie, pied de veau.* — *Aroïdées.* — Plante aquatique à feuilles radicales, hastées, d'un beau vert luisant, accompagnées de grandes fleurs blanches odorantes, en cornet. Orne agréablement les pièces d'eau. Orangerie l'hiver.

Canna, Lin.—*Balisiers.*—*Marantées.*—Les Balisiers ont donné le premier essor aux plantes à beau feuillage. C'est en effet du moment où l'on imagina de les arracher au délaissement où ils étaient plongés dans les serres, que date le début de cet entraînement vers les feuilles ornementales.

Peu de plantes, il est vrai, étaient plus dignes d'admiration, et, à l'heure qu'il est, elles tiennent encore le haut rang dans nos jardins. Ils sont si robustes, si élégants, si faciles à vivre en toutes situations qu'on leur impose! Leur feuillage prend des formes et des teintes si pures et si gracieuses, et leurs fleurs même sont devenues si éclatantes!

Et (ce n'est pas la moindre de leurs qualités) la multiplication en est facile et rapide, et leur prix si peu élevé, que nul jardin n'en est privé, depuis les plus grands parcs jusqu'aux jardins les plus modestes.

Le nom de Canna vient du celte *Cana* (roseau). On trouve cette étymologie dans les poésies d'Ossian. « Le cou de Malvina, » dit le barde du Nord, « est plus droit que la tige du Cana. » Les anciens ignoraient ces plantes, puisqu'elles étaient originaires du nouveau monde, malgré l'appellation linnéenne du *C. Indica.* Les premières qui nous vinrent en Europe furent apportées des Indes, sans doute, mais après y avoir été introduites de l'Amérique.

On ne sait rien d'exact sur l'époque de l'importation des Balisiers en Europe, mais il paraît à peu près certain que des missionnaires portugais, au dix-septième siècle, les introduisirent dans les jardins de plusieurs couvents en Espagne et en Italie, où on les retrouve parfois encore subspontanés.

Jusqu'à la fin du dix-huitième siècle, on n'en connut guère que deux ou trois espèces. Mais, dès le commencement du dix-neuvième, de nombreuses introductions en furent faites dans les serres d'Angleterre et d'Allemagne. Ils y restèrent longtemps confinés sans gloire et presque sans culture. Seul, M. Bouché, de Berlin, vers 1840, les cultiva et les décrivit avec soin dans *Linnæa*. Sa collection comprenait plus de quarante espèces, qu'il serait facile de réduire à un plus petit nombre.

Cependant la culture en plein air avait été essayée dans les jardins de la Malmaison, à l'heure où Ventenat les dirigeait. Les Balisiers, plantés près de l'eau, isolément, réussissaient assez bien, formaient de belles touffes, et le *Bon jardinier* préconisait la culture estivale de sept à huit espèces que l'on possédait alors. Vains efforts! L'oubli, le délaissement se faisaient de plus en plus autour de ces belles plantes.

Il fallut que la ville de Paris créât ses nouveaux squares pour que des essais vraiment sérieux fussent tentés sur les plantes à grand feuillage. A cet exemple, tous les jardiniers se mirent à cultiver les Balisiers. Quelques horticulteurs marchands les adoptèrent avec intelligence. On peut citer à leur tête M. Lierval.

Mais un amateur surtout, M. Année, à Passy, amena en peu d'années ce genre à la perfection qu'on lui voit aujourd'hui. Son jardin en était rempli. Le premier il tenta la fécondation artificielle sur les Balisiers, et dès le début un prodigieux succès couronna ses efforts. Il reconnut la facilité d'hybridation de toutes les espèces que le fleuriste de la ville de Paris avait mises à sa disposition, et les modifia à ce point qu'il serait difficile aujourd'hui de retrouver les types des variétés et métis dont le commerce s'est enrichi par ses soins.

La liste seule des variétés connues en France est innombrable. MM. Rantonnet, Huber, à Hyères; Chaté, Année, Lierval, à Paris; Ménoreau, à Nantes; les jardiniers de la Tête-d'Or, MM. Nardy, Sisley, à Lyon, et plusieurs autres, ont continué les semis, et l'on peut compter aujourd'hui plus de cinquante variétés de choix mises au commerce depuis 1860.

Sur ce total, combien sont dignes de rester dans nos cultures? Une grande quantité, sans doute. Mais sans doute aussi bon nombre présentent de grandes affinités entre elles ; un choix sévère peut seul permettre de réunir une collection de plantes bien distinctes les unes des autres.

Avant de procéder à cette sélection rigoureuse et de donner un choix des plus beaux Balisiers actuellement cultivés, nous devons indiquer, au moins sommairement, les plantes primitives dont le mélange a produit les belles plantes que nous cultivons, toutes supérieures à leurs types. Il peut être intéressant d'établir la liste de leurs ancêtres, ne fût-ce que pour mémoire :

1. *C. patens,* Rosc. — Sainte-Hélène ?
2. — *glauca,* Willd. — Caroline.
3. — *discolor,* Lindl. — La Trinidad.
4. — *aurantiaca,* Rosc. — Brésil.
5. — *Warcewiczii,* Dietr. — Costa-Rica.
6. — *flaccida,* Salisb. — Caroline et Géorgie.
7. — *limbata,* Rosc. — Brésil.
8. — *edulis,* Ker. — Pérou.
9. — *Achiras,* Gillies. — La Plata.
10. — *lagunensis,* Bot. reg. — Mexico.
11. — *lutea,* Ait. — Amérique tropicale.
12. — *gigantea,* Redout. — Amérique tropicale.
13. — *coccinea,* Rosc. — Amérique du Sud.
14. — *excelsa,* Bot. cab. — Rio-Janeiro.

15. — *Lamberti,* Lindl. — Pérou.
16. — *speciosa,* Wall. — Kamoon (subspontaine).
17. — *iridiflora,* R. et Pav. — Pérou.
18. — *Indica,* Ait. — Brésil. (Subsp. aux Indes).
19. — *patens,* Rosc. — Patrie ?
20. — *liliiflora,* Warsc. — Amérique centrale.

Ces vingt espèces, assez distinctes, bien qu'à la rigueur les botanistes pussent les réduire à un bien plus petit nombre, ont fourni seules les matériaux d'hybridation jusqu'en 1860. Depuis, plusieurs jardins botaniques, et surtout M. Année, en ont reçu d'autres espèces en assez grand nombre. Le tout s'est fusionné de plus belle et a produit les nouvelles variétés que les horticulteurs ont baptisé à l'envi de noms latins barbares et sous le faux titre d'*Hybrides.*

Non-seulement aucune de ces plantes n'est hybride, mais toutes donnent des graines en plus grande abondance que les types, ce qui est loin d'être le caractère des hybrides vrais.

A l'heure qu'il est, nous croyons qu'il est impossible de songer à rattacher aux types primitifs, par groupes, les variétés cultivées. Nous avions entrepris ce travail en 1862, au moment où il était encore possible de reconnaître les déviations, mais nous déclarons que toute classification botanique serait aujourd'hui arbitraire et irrationnelle. Pour notre part, nous nous en tiendrons à l'énumération des plus belles espèces et variétés anciennes ou nouvelles, sans autre distinction que les coloris vert ou pourpre du feuillage.

1° FEUILLAGES VERTS.

A. Plantes de haute taille.

* **C. Annœi,** Hort.—Obtenu en 1848, par M. Année, dans un semis de *C. Nepalensis.* Plante vigoureuse, dressée, en touffes serrées; tiges hautes de 3 et même 4 mètres, pourvues de feuilles ovales lancéolées, glauques, roides et dressées, à nervure médiane plus pâle; longs pédoncules dressés, anguleux, peu rameux, portant de beaux épis de fleurs jaune-orangé passant au jaune aurore.

* **C. A. superba,** Ann.—Sous-variété du précédent, à feuillage distinct par le bord des gaines pourpre-noir; taille plus ramassée; grandes panicules très-rameuses de fleurs rouge-saumon vif et jaune pur brillant.

* **C. imperator,** André.—Plante obtenue au fleuriste de la Muette, en 1862. Beau feuillage vert gai, à nervures jaunes; jeunes feuilles bordées de noir; tiges un peu tomenteuses; grandes panicules de fleurs petites, ponceau; fruits pourpre-violet. Magnifique plante.

* **C. aurantiaca splendida,** Ann. — Robuste plante dressée, à tiges comprimées, cotonneuses, lavées de

brun ; grandes feuilles ovales atténuées aux deux bouts ; fleurs très-élégantes, distantes ; panicules spiciformes dressées, à pétales onguiculés, carmin et vermillon ; fruits verts.

C. Chatei grandis. Chaté.— Plante très-grande, d'un beau port, très-touffue ; pétioles, nervures et bords des feuilles pourpre-noir ; limbe des feuilles d'un beau vert ; fleurs écarlate-ponceau très-brillant ; fruits pourpres.

C. musœfolia-hybrida, Ann. — Port dressé du *C. aurantiaca ;* tiges cotonneuses ; teinte générale vert tendre, jaunâtre ; feuilles très-larges, vert-clair, à nervures jaunes. Fleurit peu ; corolles rouge-saumonné, à lobes étroits. Belle plante, pyramidale, touffue, vigoureuse.

* **C. Peruviana**, Ann.—Belle plante introduite directement de Guayaquil par M. Année, en 1861 (ne pas confondre avec cet affreux barbarisme de *Guayaquilla purpurea*). Tige élancée, atteignant et dépassant 3^m,50, d'un port très-élégant, d'un beau vert-tendre, gai, uniforme. Feuilles ovales elliptiques, à nervures pâles, gracieusement ondulées, étalées. Panicules fortes, bien faites, rameuses, pourvues de grandes bractées vertes, décomposées en épis dressés portant des fleurs très-grandes à pétales onguiculés vermillon-orangé très-vif, avec reflets d'or au soleil.

* **C. robusta**, And.— Envoyé de Guayaquil à M. Année,

en 1862, en tubercules. Plante de formes très-robustes, comme l'indique son nom, trapue, à tiges énormes en proportion de leur hauteur, comprimées, sortant d'écailles teintées de rouge-violet, et portant des feuilles distantes, étalées, ovales obtuses, ondulées, épaisses et solides comme du parchemin, et d'un vert-noir comme toute la plante. Montre rarement ses fleurs, petites, orangées, de peu d'effet.

* **C. edulis**, Ker. — Cette belle espèce péruvienne est restée l'une des meilleures parmi les anciennes introduites. Son port dressé, régulier; ses feuilles ovales obtuses, d'un vert tendre, légèrement teintées de brun-orange; ses fleurs orangées et surtout la correction de sa tenue, lui assureront longtemps une place distinguée.

C. limbata hybrida, Ann. — Plante touffue, large, à feuilles très-grandes, d'un beau vert glacé, contournées et déjetées sous leur propre poids; fleurs en grandes panicules décomposées, ramifiées à épis vermillon-orangé vif, et deux pétales jaune-d'or moucheté orange. Variété qui aurait peu de rivales si son port était meilleur.

C. musœfolia edulis, Hort. — Tiges fortes, courtes, tachées de rouge, portant de grandes feuilles serrées, brusquement atténuées, fermes; fleurs petites, mais très-brillantes, à pétales onguiculés, écarlates.

C. expansa, André. — Cette variété, à feuilles énormes, ovales obtuses, très-étalées, avait d'abord été nommée *C. rotundifolia viridis* par M. Année, qui nous autorisa à la spécifier par un seul mot indiquant son port. Ses feuilles sont fort belles, mais leur poids les fait se déjeter; les fleurs sont petites, en panicules régulières, rouge-vermillon et saumonné.

C. Amelia, Ménoreau. — Variété très-jolie, obtenue par M. Ménoreau, de Nantes, en 1862. Taille peu élevée; joli feuillage glauque, un peu retombant, ovale régulier, acuminé; fleurs fortes, dressées, grandes, jaune-d'or élégamment maculé de pourpre orangé sur tous les pétales, moins le staminifère et le pétaloïde, qui sont orangés.

C. gloire de Nantes, Mén. — Même provenance; plus petite taille; feuilles ovales acuminées, fermes, à demi dressées; nœuds des tiges noirs; fleurs grandes, tachées de rouge brique pâle. Port voisin du précédent.

C.* iridiflora, Ruiz et Pav. — *Pérou.* — Superbe espèce de taille très-élevée (3 à 4 mètres), à feuilles distantes, vert tendre, avec les gaines frangées, teintées de violet; panicules de fleurs *retombantes,* d'un beau carmin cramoisi, à divisions très-larges et étalées comme les lobes d'un *Amaryllis.* Délicate. Plante de serre, fleurissant rarement en plein air. Périt souvent lorsqu'on divise les touffes.

C. liliiflora, Warsc. — Plante de haute taille, comme la précédente. Originaire de Veraguas (Amérique centrale), elle est la seule du genre qui présente de très-grandes fleurs à peu près *blanches* à odeur de fleur d'oranger ou de chèvrefeuille. Même tempérament que la précédente; fleurit dehors par les années chaudes.

C. *Plantes naines.*

C. spectabilis, Hort. — Plante de 1 mètre environ, touffue, dressée, vert-clair; tiges petites, serrées; feuilles bordées de blanc, longuement acuminées, à nervures régulières; fleurs rouge-saumon pâle, en panicules spiciformes simples et dressées.

C. patens, Rosc. — Port du précédent, mais feuillage plus foncé, plus court, correctement disposé; fleurs bicolores à nuances vives.

C. Annœi nana, Hort. — Tous les caractères du *C. Annœi superba,* mais de taille naine; fleurs en panicules nombreuses, fournies, très-divisées.

C. glauca, Willd. — Espèce originaire de la Caroline, à tiges rares, robustes, de 1^m,00 à 1^m,50; feuilles vert foncé glauques, dressées, largement ovales et brusquement aiguës; fleurs en épis courts, à grands pétales jaune-orangé.

1° FEUILLAGES COLORÉS.

A. *Plantes de haute taille.*

* **C. zebrina,** Ann. — Plante de hauteur moyenne, à

feuilles régulièrement costées et zébrées d'un beau pourpre-violet, ainsi que les tiges et les pétioles; fleurs écarlate-orangé, assez jolies; fruits pourpres.

C. Houlletii, Hort. — Taille élevée, élancée; tiges rouges; feuilles acuminées d'un vert clair, bordées et costées de pourpre. Variété élégante.

* **C. nigricans**, Ann. — Une des plus belles variétés connues. Plante élevée, toute pourpre, dépassant 3 mètres, à port élégant; feuilles ovales oblongues largement acuminées, tachées de pourpre vif en dessous, franchement rouge-foncé en dessus; nervures rouge-vif; panicules divariquées, rameuses, corolles rouge-orangé brillant. Drageonne peu.

C. atronigricans, Hort. Paris. — Sous-variété de la précédente, à coloration beaucoup plus intense. Provenant d'un semis direct de *nigricans*, fait à sa première fructification au fleuriste de la ville de Paris.

* **C. Porteana**, Hort. — Sans contredit le plus beau de tous les *C.* à feuillage coloré. Tiges robustes, trapues; plante touffue, d'une vigueur rare; superbes feuilles dressées, très-largement ovales obtuses, planes, à fond vert et pourpre zébré plus vif dans le jeune âge; fleurs rouge de Saturne vif, mordoré, en panicules compactes accompagnées de grandes bractées.

C. Van-Houttei, Lierv. — Plante rameuse, à tiges élancées, à port dégagé, mais un peu grêle; couleur générale pourpre-noir obscur, ainsi que les pétioles, côtes, nervures et râfles; feuilles acuminées aiguës, étalées, légèrement nervées de brun. Belles panicules de fleurs vermillon vif.

C. Lavalléi, Hort. Paris. — Variété élancée, à tiges grêles pourpre-brun, ainsi que les côtes et les nervures; feuilles longuement acuminées, vert-noir, nervées de pourpre; fleurs grandes, bien faites, à pétales larges, vermillon mordoré. Remplace avec avantage le *C. Warzscerviczoïdes*.

C. Liervalii, Hort. — Tiges élevées, cotonneuses, pourpre-noir ainsi que les pétioles, gaines bractées et nervures; feuilles larges, acuminées, de belle forme, à fond vert foncé; grandes panicules régulières, saupoudrées d'une pruinosité bleuâtre; corolle à pétales oblongs, vermillon-orange très-brillant.

C. discolor, Linn. — Les belles variétés précédentes n'ont pas encore fait oublier cette ancienne espèce, dont le port robuste et les belles feuilles obtuses, ondulées, bordées et zébrées de pourpre sur vert clair transparent, ont fait longtemps nos délices. Cette plante tiendra toujours une place distinguée dans nos jardins. Ne laisser qu'une seule tige pour voir développer ses fleurs cramoisies.

C. Plantes naines.

C. Warzscerviczii, Dietr. — Cette petite espèce, ori-

DESCRIPTIONS ET CULTURES SPÉCIALES 129

ginaire de Costa-Rica, est restée jusqu'ici une des

Grav. 18. — Canna Annœi, p. 122.

meilleures pour bordures. Ses tiges et ses nervures médianes pourpres, sur le fond vert des nombreuses feuilles ondulées et tourmentées qui drapent la plante, et ses panicules de fleurs dressées écarlate foncé, à bractées pruineuses, en font une bonne plante à bordures.

C. zebrina nana, Hort. — Plus étoffée dans toutes ses parties que le *C. zebrina*, dont il a du reste tous les caractères, moins la hauteur.

En terminant ici l'énumération descriptive des Balisiers recommandables, nous ne prétendons pas avoir épuisé la liste des belles variétés. Il s'en faut de beaucoup. Mais nous pensons qu'il n'est pas utile de charger la mémoire et les jardins de la multitude des conquêtes qui affluent chaque jour sur les catalogues marchands. Ces plantes sont devenues si polymorphes qu'il est impossible d'en trouver deux semblables dans un semis. Et comme chaque semeur, de par les lois de la paternité, croit avoir trouvé le *rara avis* supérieur à tout ce qui a précédé ses enfants, il s'ensuit que le dédale devient sans issue.

Toutefois, on peut ajouter à cette liste un certain nombre de plantes d'un mérite approchant et parfois égal à celles que nous venons de citer. Aucune cependant, à notre avis, ne les dépasse ni ne les fait oublier. Nous nous contenterons de les cataloguer, en choisissant parmi les meilleures.

C. *metallica,* Lierv.

C. *maxima*, Lierv..
— *rotundifolia*, Ann.
— *macrophylla*, Ann.
— *Annœi rosea*, Hort.
— *Rendatleri*, Hort.
— *Bonnetii*, Hort. Lugd.
— *purpurea spectabilis*, Hort.
— *Pie IX*, Ranton.
— *Bihorelii*, Nardy.
— *Député Hénon*, Sisley.

Sans compter un certain nombre d'autres dont les noms, ornés de barbarismes incroyables, ont suffi pour nous empêcher d'aller les voir. Exemple, *rubra superbissima*, et autres gracieusetés analogues.

Culture. — La culture et la multiplication des Balisiers est maintenant du domaine public. Les temps sont déjà loin où on les laissait s'étioler en serre chaude, avec des soins qui n'aboutissaient qu'à leur perte.

Les nombreux essais faits depuis huit ans à la ville de Paris ont conduit à un traitement général, qui peut se résumer en quelques mots et qui est praticable à tout le monde.

On multiplie de deux manières : par le semis et la division des touffes.

1° *Semis.* — La récolte des graines se fait à la fin de

l'automne. On stratifie dans le sable ou bien on sème aussitôt dans des terrines en serre tempérée près du verre, la levée étant irrégulière et parfois assez longue à cause de la dureté du testa et de l'albumen corné des graines. Quand les jeunes plantes commencent à se gêner mutuellement dans la terrine, on les repique dans des godets, séparément, et on les laisse reprendre dans la même serre. Quand mai arrive, elles sont assez fortes pour être mises en place. Si l'on sème pour obtenir des nouveautés, on repique les jeunes plantes sur couche à melons, afin d'activer la végétation et d'avoir l'effet et la floraison la même année, s'il est possible.

Si l'on sème des graines mélangées pour former des corbeilles ou massifs, on repique en place pêle-mêle, en ayant le soin de marquer les meilleures variétés dans le cours de la végétation.

2° *Division des touffes.* — Les plantes ont été rentrées de la pleine terre à la chute des feuilles et hivernées dans une cave, une serre ou un cellier, à la manière des Dahlias.

Vers le 15 mars, on nettoie les rhizomes un à un, enlevant les parties mortes ou gâtées, les tronçons de tiges de l'année précédente, les radicelles et la terre qui enveloppe le tout. Cette *toilette* terminée, on laisse les rhizomes se ressuyer un peu.

Huit jours à l'avance, on a préparé une bonne couche de feuilles et de fumier par parties égales, couverte de de 10 centimètres de terreau et préparée de manière que le tassement étant opéré, la distance entre le verre et le sol soit d'environ 0^m,25. Sur ce terreau, on place, côte à côte, les rhizomes de Balisiers que l'on recouvre, au fur et à mesure, de 2 ou 3 centimètres de terreau seulement. On ferme hermétiquement, après avoir donné une mouillure et affermi le sol.

Le développement des turions ne se fait pas longtemps attendre. Quinze jours après, le châssis est plein de pousses qui pointent de toutes parts.

Dès qu'elles touchent le verre, on remanie le tout. Prendre à tranchée ouverte tous les turions, les séparer *un à un* à la serpette et les empoter avec tout leur chevelu dans un compost de deux parties de terreau de feuilles contre une de terre franche; remettre sur couche à la même température et priver d'air entièrement, tel est le résumé des opérations à faire alors.

Peu à peu, la reprise s'effectue; les jeunes sevrées relèvent la tête. On leur donne de l'air peu à peu, augmentant avec les beaux jours et les heures de soleil. Les arrosements suivent aussi cette progression, et n'ont lieu que dans les heures chaudes.

Mai est arrivé. Tout le jour on peut *dépanneauter* entièrement et couvrir la nuit en laissant de l'air.

Au 10 mai, la sortie et la mise en place.

Mise en place. — Corbeilles, bordures, plates bandes ou groupes isolés, quelle que soit la situation qu'on veuille donner aux Balisiers, le sol qu'ils préfèrent demande la même préparation.

Terre défoncée sur 0^m,75 de profondeur *au moins*, passée à la claie, fumée copieusement avant l'hiver et labourée avant la plantation. Si le sol est sec et maigre, fumier de vache. S'il est riche, profond et compact, l'alléger avec du sable siliceux en grande quantité et l'engraisser avec du fumier de cheval.

Placer les plantes depuis 0^m,40 jusqu'à 0^m,70 les unes des autres suivant le développement qu'elles prendront. Laisser autour de chaque pied un bassin ou cuvette arrondie à la main. Pailler le tout aussitôt après, uniformément, de façon que chaque bassin se trouve rempli de fumier à demi consommé sur 0^m,15 d'épaisseur. On est certain que la fraîcheur sera ainsi maintenue au pied pendant les grandes sécheresses.

Mouillez copieusement les soirs d'été. Là est tout le secret : engrais, chaleur et eau. Inondez vos plantes : elles sont semi-aquatiques. Vous aurez une végétation extraordinaire et ferez envie à tous vos voisins.

Au 15 octobre environ, ou mieux après la première gelée, coupez les tiges de vos plantes, à 10 centimètres du sol, arrachez les tubercules et laissez-les sécher par un beau soleil d'automne. Quand la terre se délite assez pour la secouer en gros, rentrez vos tubercules dans un lieu sain, avec les Dahlias. Évitez la pourriture l'hiver.

Nous avons indiqué le reste du traitement.

On peut aussi hiverner les Balisiers en pleine terre, même sous le climat de Paris, pendant un an ou deux. La troisième année, ils ont épuisé la terre et poussent maigrement, sans ensemble. Il faut, pour les conserver, les couvrir d'une litière de feuilles de 40 cent. d'épaisseur, sur laquelle on répand les *fanes*, ou tiges des plantes coupées. Si l'hiver est pluvieux, il faut renouveler une fois ou deux la couverture, qui pourrirait les racines.

Nous avons dit que les *C. iridiflora* et *liliiflora* demandaient un traitement à part. A Paris, nous n'avons pas encore réussi à les voir fleurir dehors; les vents les déchirent et nos chaleurs d'été sont insuffisantes, même avec le secours d'une couche. En Champagne, à Chaltrait, chez M. le comte de Lambertye, ces Balisiers fleurissent à merveille chaque année. Est-ce l'échauffement, la réverbération du sol crayeux ou des terrains tertiaires de ces parages qui communiquent à ces plantes la chaleur tropicale qui leur est nécessaire? Nous ne saurions le dire.

La suppression de toutes les tiges, moins une ou

deux, est nécessaire pour la floraison du *C. discolor*. On appliquera ce traitement à toutes les autres espèces ou variétés rebelles à fleurir.

Nous ne parlons pas de quelques autres espèces bizarres plutôt que belles, comme le *C. flaccida*, aux grandes fleurs jaune pâle, fugaces, ressemblant à l'Iris des marais. Ces plantes ont plutôt un intérêt botanique que vraiment horticole.

Emploi ornemental des Balisiers. — Le meilleur et le plus usité des modes d'emploi est la corbeille ovale sur le devant des pelouses. Ou bien on y plante les *B.* isolément, et alors ils prennent d'eux-mêmes la disposition en amphithéâtre; ou bien on compose les groupes de deux variétés, l'une au centre, l'autre en bordure. On peut varier beaucoup cette dernière disposition, soit en mélangeant les coloris, soit en les harmoniant, soit en les heurtant pour faire des contrastes.

Voici quelques-uns des modes d'emploi à recommander dans les grands jardins de Paris :

    A. — CORBEILLES D'UNE SORTE :

1. *C. Annœi*.
2. — *Peruviana*.
3. — *edulis*.
4. — *discolor*.
5. — *zebrina*.

6. *C. Porteana.*
7. — *Amelia.*
8. — *nigricans.*
9. — *Bonnetii.*
10. — *Liervalii.*

B. — CORBEILLES DE DEUX SORTES :

1. { *C. edulis.* — Centre.
   { — *Warszcewiczii.* — Bordure.
2. { *C. Annæi.* — Centre.
   { — *zebrina nana.* — bordure.
3. { *C. Peruviana.* — Centre.
   { — *spectabilis.* — Bordure.
4. { *C. nigricans.* — Centre.
   { — *Annæi nana.* — Bordure.
5. { *C. Porteana.* — Centre.
   { — *glauca.* — Bordure.
6. { *C. imperator.* — Centre.
   { — *zebrina.* — Bordure.
7. { *C. Liervalii.* — Centre.
   { — *patens.* — Bordure.

On peut ainsi varier à l'infini les dispositions de ces plantes. Mais certaines espèces à port ramassé, diffus, ou retombant, se refusent à la plantation en corbeilles ou en plates-bandes, dont le mode de plantation est identique.

Ces espèces ou variétés, pour se parer de leur plus

bel aspect, doivent être placées isolément ou par petits groupes sur les pelouses. Là seulement ils développent en liberté le luxe et l'élégance de leur feuillage.

Nous citerons particulièrement :

C. *expansa,*
— *robusta,*
— *macrophylla,*
— *musæfolia,*
— *limbata hybrida,*
— *gigantea,*
— *Houlletii,*
— *atronigricans.*

Du reste, la fantaisie de chacun peut s'exercer sur les Balisiers plus que sur tout autre genre. Il ne faut pas mettre d'entraves aux tentatives individuelles. Ces belles plantes sont assez souples pour se plier à toutes les exigences.

Canne à sucre. — V. *Saccharum.*

Carduus. — V. *Sylibum.*

Carex Japonica variegata, Hort. — *C. du Japon panaché.* — *Cypéracées.* — Touffe basse à feuilles rudes, linéaires, striées de lignes blanches sur fond vert. Fait de jolies bordures en terre de bruyère.

Casse.

Cassia floribunda, Cavan. — *Casse floribonde.* — *Légumineuses.* — Arbrisseau de la Nouvelle-Espagne, atteignant deux mètres, et aussi ornemental, isolément sur les pelouses, par son feuillage penné, vert-noir et luisant, que par ses belles panicules de fleurs jaune-orangé. Serre froide l'hiver; terre franche et de bruyère.

On cultive dans les mêmes conditions le *C. lævigata*, Willd., du Brésil, à fleurs petites, jaune-pâle, et le *C. corymbosa*, Lam., de Buénos-Ayres, à feuilles bi-trifoliolées, à fleurs jaunes axillaires.

Une autre plante, tout récemment introduite du Sénégal aux serres de la ville de Paris sous le nom de *Cassia alata*, paraît appelée à un grand avenir par ses immenses feuilles à folioles cunéiformes arrondies et son port magnifique.

Centaurée.

Centaurea Babylonica, Lin. — *Centaurée de Babylone.* — *Composées.* — Plante vivace, laineuse, blanchâtre, atteignant 2 mètres; feuilles lyrées, sinuées, décroissant en montant le long de la tige; capitules jaunes en long épi feuillu. Isoler sur les pelouses, en terre franche et de bruyère. Mult. d'éclats au printemps. couvrir de feuilles l'hiver.

* **C. cineraria**, Lin. — (*C. candidissima*, Hort.) *C. cinéraire*. — Plante suffrutescente, croissant à l'état sauvage sur les côtes d'Italie, recouverte d'un duvet épais, blanc satiné; feuilles pennatifides à lobes ovales obtus; fleurs en capitules jaunes, assez jolies.

Le feuillage blanc pur de cette plante est une de nos plus précieuses ressources pour les bordures. Si on la place autour d'une corbeille à feuilles pourpres, comme des *Coleus* ou des *Iresine*, leurs teintes rouges et le vert du gazon feront ressortir admirablement la teinte de la Centaurée. Mult. de boutures l'été, à l'ombre, en sable siliceux. Reprise lente. Hiverner sous châssis froid. Ne planter que de jeunes pieds.

On annonce au commerce une variété plus compacte, plus touffue, sous le nom de *Cent. candid. compacta*, Hort.

C. gymnocarpa, Mor. — *C. à fruit nu.* — Même patrie. Sous arbuste de 0^m,60, feuillage bi-penné, très-découpé, blanc-cendré, abondant.

C. Ragusina. — *C. de Raguse.* — Sauvage sur les murs en Dalmatie, cette plante offre un feuillage moins blanc que la précédente; elle est plus répandue en Angleterre. Ses feuilles pennées ont les lobes plus larges et entiers.

Ces trois espèces s'emploient aux mêmes usages. Les deux dernières se mult. d'éclats au printemps. L'intensité de coloration blanche est d'autant plus grande que les plantes sont plus au soleil et moins arrosées.

C. plumosa. — *C. plumeuse.* — Voisine du *C. gymnocarpa*. Feuilles très-découpées, retombantes en panache. Mêmes usages et culture.

Céraiste.

Cerastium. — *Céraiste.* — *Caryophyllées.* — On cultive pour bordures basses ou pour ornement des rocailles, plusieurs espèces de C. vivaces, bien connus par l'abondance de leurs petites feuilles linéaires argentées, et leurs jolis corolles blanches. Les meilleurs sont :

C. grandiflorum, W. et Kit. — Hongrie.

C. tomentosum, Lin. — Midi.

C. Biebersteinii, DC. — Taurie.

On les multiplie d'éclats, comme le thym, au printemps, en refaisant les bordures.

Ceratozamia. — Voir *Cycadées.*

Chamœpeuce diacantha. Dec. — *Ch. à deux épines.* — *Carduacées.* — Originaire du Liban, bisannuelle. Feuilles en touffe, linéaires lancéolées, à nervures blanches, bordées d'épines longues géminées brun-roux. Plante bizarre à isoler sur les pelouses ou les rocailles. Toute terre.

Chamœrops. — Voir *Palmiers.*

Chèvrefeuille. — Voir *Lonicera.*

Choux d'ornement. — Voir *à assica.*

Cinéraire maritime. — Voir *Senecio.*

Cinna. — Voir *Imperata.*

Cissus vitiginea variegata. — *C. panaché.* — *Ampélidées.* — Jolie plante grimpante à feuilles cordiformes lobées, panachées de rose, de blanc, de vert; baies noires. Orne bien les rocailles et les tonnelles. Indes-Orientales. Terre de bruyère.

Le **C. quinquefolia** (*Ampelopsis quinquefolia*), ou Vigne vierge, est une charmante plante grimpante, ligneuse, à feuillage palmé, qui se colore de pourpre en automne, et forme une parure superbe aux treillages et aux tonnelles. Bouturage sec en pleine terre l'hiver.

Cleome pungens, Willd. — *C. piquant.* — *Capparidées.* — Arbrisseau annuel, épineux, pyramidal, de l'Amérique méridionale, dépassant 1^m,50; feuilles à cinq ou sept folioles, élégantes; fleurs en couronne rose purpurin. Repiquer en place en corbeilles ou isolément.

C. spinosa, Lin. — *C. épineux.* — Même patrie, même emploi. Fleurs blanc-rosé.

Clerodendron Bungei, Steud. — *C. de Bunge.* — *Verbénacées.* — Plante sous frutescente de la Chine, à tiges simples, hautes de 1 mètre, pourvues de larges feuilles cordiformes opposées, et de vastes corymbes terminaux de fleurs d'un beau rose. Terre de bruyère au nord. Drageonne beaucoup; craint les trop grands froids. En touffes isolées sur les pelouses.

Cobœa scandens foliis variegatis. — *Polémoniacées.* — Cette jolie variété nouvelle, à feuilles panachées, du

Cobéa ordinaire, est précieuse pour garnir les treillages à mi-soleil. On la multiplie par boutures l'hiver; terre de bruyère.

Coccoloba pubescens, Lin. — *Raisinier pubescent.* — *Polygonacées.* — Les immenses feuilles parasols de ce bel arbre des Antilles seraient d'un grand ornement l'été en plein air, si les vents leur étaient moins redoutables. On peut cultiver avec plus de succès, en pots, les *C. excoriata, rugosa,* à feuillage moins grand, mais encore très-beau. Rentrer en serre tempérée.

Cocos. — Voir *Palmiers.*

Coix lacryma, Lin. — *Larmes de Job.* — *Graminées.* — Le feuillage large et nourri, les belles touffes vertes de cette plante annuelle des Indes orientales, et ses fruits ovés gris-bleuâtre, en font une singularité assez ornementale sur les pelouses, isolément. Semer sur couche en avril.

Colocasia. — Voir *Caladium.*

* **Coleus Verschaffelti,** Lin. — *C. de Verschaffelt.* — *Labiées.* — Superbe plante de Java, introduite il y a peu d'années et déjà au pinacle de la faveur horticole. C'est à juste titre qu'on lui accorde le premier rang parmi les plantes à feuillage coloré. Toute la plante offre une belle couleur pourpre-amarante du plus riche effet, et un port touffu, régulier, sans rival parmi ses congénères. Sur les tiges quadrangulaires s'étagent de belles feuilles ovales cordiformes dentées, bordées d'une teinte verte qui disparaît dehors pendant les grandes chaleurs pour ne présenter qu'une nuance pourpre uniforme.

Groupé en corbeilles, soit unicolores, soit avec plusieurs espèces colorées (par exemple des Amarantes pourpres au centre et des *Centaurea cineraria* aux bords), le *C. Verschaffelti* présente le plus riche contraste sur le fond vert des gazons et des massifs.

On le multiplie par boutures coupées l'hiver sur des pieds que l'on a rentrés en bonne serre tempérée. Mettre en place à la mi-mai, en terre substantielle et légère.

C. V. marmoratus. — Variété *dichroïque* du précédent, marbrée irrégulièrement de vert.

C. scutellarioïdes, Benth. — *C. fausse scutellaire.* — La plante cultivée sous ce nom est une variété à feuilles violet-foncé métallique, d'une plante de Java à feuilles vertes. Elle fait peu d'effet seule, mais on l'emploie comme contraste dans les corbeilles multicolores.

Le **C. Blumei,** Benth., à feuilles vert-jaune maculé de rouge au centre, est délicat dehors et à peu près délaissé.

Il n'en est pas de même du *C. Malabaricus*, plus

nouveau, à larges feuilles vert-noir, à port très-régulier, noble, robuste, et surtout à magnifiques épis rameux de fleurs violet-lilas, du plus joli effet l'hiver.

Tous les *Col.* sont des plantes vigoureuses qui demandent beaucoup de chaleur, d'eau et d'engrais. La culture de ces dernières espèces est identique à celle du *Col. Verschaffelti.*

Commelyna zebrina, Hort. — *Commelyne zébrée.* — (*Tradescantia zebrina,* Hort.) — *Commelynées.* — Jolie plante du Brésil, à tiges rampantes garnies de feuilles ovales, pointues, pourpres en dessous, vertes et zébrées de blanc pur, de violet et de vert en dessus. Fait de charmantes bordures basses, pour corbeilles de terre de bruyère. Bouturage très-facile.

Concombres grimpants. — Voir *Cucumis.*

Conifères. — La vaste et riche famille des Conifères a droit aux premières places dans la série des plantes à feuillage ornemental. Chez elles, en effet, le port et les feuilles ont des beautés que nulle plante ne dépasse. Toutefois, les nommer et les décrire sortirait de notre sujet; il suffit de leur rendre, pour mémoire, les honneurs qui leur sont légitimement dus.

Cordyline. — Voir *Dracæna.*

Courges. — Voir *Cucurbita.*

Crambé cordifolia, Stev. — *C. à feuilles en cœur.* — *Crucifères.* — Plante vivace à feuilles énormes radicales en cœur; immense panicule de fleurs blanches petites. Port très-ornemental; isoler sur les pelouses ou dans les rocailles. Toute terre.

Le **C. maritima**, ou Chou marin, n'est pas une plante à dédaigner, par son beau feuillage glauque, sinué, brillant, et sa rusticité à toute épreuve. Rocailles et pelouses.

Cucumis. — *Concombres.* — *Cucurbitacées.* — Parmi les espèces grimpantes du genre C. qui sont propres à garnir les tonnelles, murs et treillages par leur beau feuillage, on peut citer les espèces suivantes :

C. dispaceus, Erh. — Arabie; annuel.
— *erinaceus,* Naud. — Cafrerie; annuel.
— *diversifolia,* Naud. — Abyssinie; vivace.
— *citrullus,* Ser. — Afrique.
— *colocynthis,* Lin. — Japon.
— *acutangulus* (*Luffa*), Lin. — Liane torchon de Chine.
— *flexuosus,* Lin. — Concombre serpent.

Toutes sont jolies à divers titres, mais surtout par l'élégance de leur port, de leur feuillage et de leurs fruits. Terre copieusement fumée, beaucoup d'eau.

Cucurbita. — *Courges.* — *Cucurbitacées.* — Ce genre rentre dans les mêmes lois et usages que le précédent. Les meilleures espèces à feuillage et à fruits d'ornement sont :

C. perennis, A. Gray. — Amérique septentrionale. — Vivace; belle plante à belles feuilles cordiformes argentées, à fruits verts bariolés. Très-rustique; toute terre; couvre très-bien les tonnelles.

— *digitata*, A. Gray. — Amérique septentrionale.
— *pepo aurantiiformis*. — Coloquinte.
— *lagenaria*, Lin. — Courge cougourde.
— — *vulgaris*, Naud. — Gourde des Chinois.
— — — *pyriformis*, Naud. — Pérou.

Curculigo recurvata, Dryand. — *C. recourbé.* — *Hypoxidées*. — Plante sans tige, du Bengale; feuilles lancéolées élégamment plissées, rétrécies en pétioles. Fait de jolies bordures à l'ombre, en terre de bruyère et dans une situation abritée; serre tempérée.

Cyathea. — Voir *Fougères*.

Cycas.

Cycadées. — Famille précieuse parmi les plantes à feuillage, mais dont les beaux exemplaires de serre sont trop rares et trop chers pour qu'on les risque en plein air l'été. Il n'y a que de riches amateurs ou une administration comme celle de la ville de Paris qui puissent se donner ce luxe.

Les plus ornementales d'entre ces espèces, pour isoler sur les pelouses, en bacs renterrés, sont :

Cycas circinalis, Lin.
— *revoluta,* Thunb.

Grav. 19. — Cycas circinalis.

Zamia horrida, Jacq.
— *Altensteinii.*
— *Caffra,* Thunb.

Zamia pungens.

Dioon edule, Lind.

Ceratozamia Mexicana, Ad. Br.

Cyclanthera pedata, Schrad. — *C. pédiaire.* — *Cucurbitacées.* — Amérique septentrionale. — Parmi les plus gracieuses plantes de cette famille féconde en espèces alimentaires, on doit compter la plante ci-dessus nommée. Elle orne les treillages du plus gai manteau vert, avec ses feuilles palmées. De petits fruits verts se montrent dans les aisselles et ressemblent assez au cornichon, dont ils ont la saveur et l'emploi au Mexique. Annuelle; semer en couche en avril pour repiquer en mai en place.

Cyperus papyrus, Lin. — *Souchet à papier.* — *Cypéracées.* — Ce beau Roseau du Nil, le véritable *Papyrus* des Egyptiens, développe facilement chez nous, comme en Égypte, ses chevelures vertes, volumineuses et gracieusement retombantes du sommet de leurs tiges de 2 mètres de haut. Planter tout près des eaux ou en corbeilles couvertes de *Sphagnum* maintenu constamment humide. Rentrer l'hiver en serre tempérée. Mult. par semis de préférence à la division des touffes.

C. alternifolius, Lin. — *S. à feuilles alternes.* — Plante de Madagascar, beaucoup plus petite; tiges de 0^m,50 à 1 mètre, triangulaires, nombreuses, feuillées à la base; ombelles décomposées à filaments larges, rudes, planes. Fait des bordures d'aspect bizarre et fort jolies. Terre de bruyère, beaucoup d'eau; semis d'hiver en serre chaude. On peut aussi l'isoler sur les pelouses.

La variété panachée (*C. a. variegatus*), si gracieuse dans nos serres, jaunit dehors, ou bien se décolore si une bonne culture la rend vigoureuse. Mult. par éclats, l'hiver, en serre.

Dahlia imperialis, Ortgies. — *D. impérial*. — Composées. — Espèce vivace, du Mexique, à tige sillonnée, de plus de deux mètres de haut. Plante remarquable, mais par ses belles feuilles bi-pennées à lobes ovales aigus, glabres en dessus, hérissés en dessous, à pétioles très-larges à la base.

D. Decaisneana, Roezl. — *D. de Decaisne*. — Même patrie, même port, même hauteur. Diffère par la couleur des fleurs, purpurines et non blanches, et les pétioles grêles à la base.

D. variabilis, Desf., **fol. varieg.** — *D. à feuilles panachées Kaiser Joseph*. — Variété du *D*. ordinaire, obtenue de graines, en 1864, par M. Döller, jardinier en chef de M. de Schorborn, près Vienne (Autriche). Ses feuilles sont régulièrement bordées de blanc pur. Il revient au type par une culture généreuse. — La variété *lilacina variegata* présente également des feuilles panachées de blanc.

Ces trois espèces et variétés se cultivent comme le

Dahlia ordinaire. On isole les deux premières sur les pelouses. La troisième peut faire des corbeilles.

Datura arborea, Lin. — *Stramoine en arbre.* — *Solanées.* — Arbuste du Pérou, à feuillage pubescent, large, ovale aigu, pétiolé, d'un beau vert, rehaussé par de magnifiques fleurs blanches odorantes en cornets.

D. suaveolens, Humb. et Bonpl. — Même patrie. Diffère par ses feuilles glabres et ses fleurs très-odorantes.

Variétés à fleurs doubles de ces deux espèces. Isoler sur les pelouses. Terre substantielle. Orangerie l'hiver.

Les **D. Metel,** Lin., et **Meteloïdes,** DC., sont des plantes annuelles dont les beaux et larges feuillages, ainsi que les fleurs rosées, font un bon effet en corbeilles. Semer sous châssis pour avancer ou sur place en mai, en terre très-fumée.

Desmochœta sanguinolenta. — Plante à feuillage pourpre, qui paraît une Amarantacée, et qu'on avait un moment préconisée pour bordures. On la délaisse à cause de sa végétation peu régulière.

Digitale.

Digitalis purpurea, Lin. — *Digitale pourprée.* — *Scrofularinées.* — La grande Digitale, cette belle plante de nos sols siliceux que tout le monde connaît, peut trouver place parmi les plantes à beau feuillage pour être utilisée soit en corbeilles, soit isolément sur les pelouses, soit mieux encore sur les rocailles.

Une autre espèce, **D. lanata,** à fleurs brunes, n'est guère moins ornementale.

Grav. 20. — Digitalis purpurea.

Dioon edule. — V. *Cycadées.*

Diotis candidissima, Desf. — *D. très-blanche.* —

Composées. — Jolie plante de nos rochers des bords de la mer, à feuillage abondant, petit, imbriqué, d'un blanc d'argent soyeux, brillant. Fait de jolies bordures et surtout des garnitures de rocailles. Éclats ou boutures à froid.

Disteganthus basilateralis. — Broméliacée à grandes feuilles recourbées, épineuses en scie, formant une gerbe élégante. Elles se colorent en plein soleil de teintes pourpre-brun d'un très-joli effet. Sur les pelouses, où l'on isole la plante en pot et en terre de bruyère, pour la rentrer en serre tempérée l'hiver. Mult. de drageons abondants.

Dracœna. — *Dragonniers.* — *Liliacées.* — Le genre *Dracœna*, démembré par les botanistes en genres *Cordyline*, *Calodracon*, etc., a pris depuis peu une extension considérable dans nos cultures de plein air. Plusieurs espèces ont même révélé des dimensions qu'on ne leur soupçonnait guère.

On les emploie de deux façons : isolément ou en corbeilles.

Si on les plante en corbeilles, quelle que soit d'ailleurs l'espèce, on doit les espacer largement, d'abord pour ne pas entraver leur développement, puis pour que l'effet de chaque plante détachée soit plus complet, enfin pour pouvoir placer entre eux d'autres plantes basses qui cachent les troncs et ne laissent percer que les

Grav. 21. — Dracæna rubra.

belles têtes retombantes ou dressées des Dragonniers.

Isolément (c'est l'ordinaire à cause du petit nombre que l'on possède le plus souvent de chaque espèce), on plante les *D.* en pots ou bacs sur les gazons, dans un composé de terre de bruyère et terre franche. Si leur taille est élevée, ils simulent le port des Palmiers.

CHOIX DE DRACOENA POUR CORBEILLES.

D. congesta Hort. — Serre tempérée l'hiver.
— *rubra*, Hort. — Id.
— *australis*, Forst. — Id.
— *fragrantissima*, Hort. — Serre chaude.
— *Brasiliensis*, Hort. — Id.

CHOIX DE DRACOENA POUR ISOLER.

D. Draco, Lin. — Serre froide l'hiver.
— *indivisa*, Forst. Id.
— *Rumphii*.
— *cannœfolia*, R. Br. — Serre tempérée.
— *Guatemalensis*. — Serre tempérée l'hiver.
— *umbraculifera*, Jacq. — Id.
— *cœrulea*. Id.
— *fragrantissima*. Id.

La plupart des autres espèces sont ou trop délicates, ou de trop peu d'effet. On doit les rentrer aux premiers froids.

Elymus arenarius, Lin.— *Elyme des sables.* — Graminées. — Plante vivace de nos côtes de France, haute de 1 mètre à 1 mètre 40, traçante, et portant de longues feuilles rubanées, d'un vert glauque. Rocailles, bord des eaux. Toute terre. Très-rustique.

Entelea arborescens, Rob. Br. — *E. arborescent.* — *Tiliacées.* — Arbre de la Nouvelle-Zélande, ayant le port d'une Malvacée, portant des feuilles grandes, en cœur, crénelées, pubescentes, et des fleurs blanches en ombelles. Grouper sur les pelouses. Orangerie l'hiver. Terre substantielle; mult. de boutures.

Epilobium hirsutum, fol. var. — *Epilobe panaché. Enothérées.* — Variété panachée de blanc de l'Epilobe velu de nos ruisseaux de France. Orne agréablement le bord des pièces d'eau par sa haute taille et son feuillage. Vivace; séparation des stolons.

Erable. — V. *Acer.*

Erianthe.

Erianthus Ravennæ, Pal. de B. — *Erianthe de Ravenne.* — *Graminées.* — Grande plante vivace de l'Europe méridionale, atteignant 3 mètres et portant de longues feuilles planes, vertes et violettes, à nervure blanche, dont l'effet ornemental est encore rehaussé à l'automne par de nombreuses et superbes panicules violacées qui peuvent rivaliser avec les *Gynerium.* D'un haut ornement, isolée sur les pelouses, surtout dans les terres légères, au plein soleil et par les années chaudes. Mult. d'éclats au printemps.

Eryngium amethystinum, Lin. — *Panicaut améthyste*. — *Ombellifères*. — Plante vivace de Dalmatie. Produit un effet pittoresque dans les grands jardins, soit isolée, soit sur rocailles, par ses tiges de 60 cent., couvertes de feuilles épineuses, aux lignes pures, qui se teintent d'un bleu améthyste changeant, depuis juillet jusqu'à l'hiver.

Les **E. alpinum**, à involucre blanc pur, et **E. maritimum**, de nos côtes de France, à reflets bleu d'azur, sont employés aux mêmes usages. Terre légère et sèche. Mult. d'éclats au printemps ou de semis.

Erythrine.

Erythrina. — *Erythrines*. — *Légumineuses*. — Ces belles plantes des pays chauds, si ornementales avec leurs grandes feuilles pennées et leurs splendides épis de fleurs écarlates simulant des crêtes de Coq, sont maintenant très-employées isolément sur les pelouses, pour les grandes espèces, ou en corbeilles pour les petites.

Les plus belles à grandes feuilles sont :

E. crista-galli, Lin. — Brésil.
— *macrophylla,* Hort. — Amér. trop.
— *herbacea,* Lin. — Floride.
— *carnea,* Ait. — Vera-Cruz.

En corbeilles, ce sont les variétés suivantes, gagnées par M. Bellanger, qui obtiennent la préférence :

E. ruberrima Bel.

— *Marie Bellanger*, Bel.

— *floribunda*, Bel.

Toutes ces plantes offrent des souches ou des troncs volumineux qui permettent de les hiverner comme les tubercules de Dahlias. Un coin obscur de l'orangerie ou d'un cellier leur suffit. — On les remet en végétation en avril; elles se couvrent bientôt de leur beau feuillage, que suivront les fleurs en plein air, si l'année est chaude. Boutures et semis sous châssis.

Eucalyptes.

* **Eucalyptus globulus**, Labil.—*Eucalypte à fleurs globuleuses.*—*Myrtacées.*—L'apparition de cet arbre géant de la Tasmanie, où il atteint 100 mètres de hauteur, a causé une certaine sensation dans l'horticulture, il y a quelques années. Son heureux introducteur, M. Ramel, qui avait pu voir les services que cet arbre rendait en Australie, comme bois de marine et de construction, comme effet sanitaire par la fragrance de son feuillage, et comme ornement par la noblesse et l'élégance de son port, en avait doté notre pays avec l'espoir de le voir résister à nos hivers.

Il n'en a pas été ainsi. Dépaysé, l'*E. globulus* n'a pu même supporter chez nous des froids équivalents aux hivers d'Australie.

Il faut donc le rentrer en serre froide. Mais à ce prix

même c'est encore une fort belle conquête. Isolé sur les pelouses, en bonne terre ordinaire, sa belle tige lisse, pourvue de rameaux décussés, prenant la forme pyramidale, s'accroît de 3 ou 4 mètres dans une seule année, et se pare d'une profusion de feuilles ovales, bleuâtres, satinées, pulvérulentes, qui deviennent pétiolées et arquées dans un âge plus avancé.

On le multiplie seulement par semis. Il y a avantage à n'utiliser que de jeunes plantes et à les élever en terre de bruyère.

D'autres *E.* peuvent prendre rang à côté de cette belle espèce. Tous sont d'Australie et offrent un port élégant, mais aucun n'égale l'*E. globulus*. Ils se cultivent de même. Les meilleurs que nous cultivions sont :

E. gigantea, J. Hook.
— *Lehmannii*, Preiss.
— *robusta*, Lin.
— *rostrata*, Hort.
— *resinifera*, Sin.
— *odorata*, Ber. et Sch.
— *amygdalina*, Hort.

Farfugium. — V. *Ligularia*.

***Ferdinanda eminens**, Hort. (non *Lagasca*)—*F. élevé*. — *Composées*. — Grand arbrisseau du Mexique introduit dans les cultures sous plusieurs noms, dont le seul véritable est celui de *Cosmophyllum cacaliæfolium*, de

Koch. On l'a apporté à tort au *F. eminens* de Lagasca, bien que ce soit une plante d'un tout autre genre,

Grav. 22. — Ferdinanda eminens, Hort.

et que les *Ferdinanda* se distinguent tout d'abord par des fleurs jaunes et des feuilles alternes. On ne doit pas adopter davantage le nom de *Polymnia grandis*, du commerce, ni celui de *Dichalymna*, de Lemaire. C'est une fort belle plante sous-ligneuse, atteignant 4 ou 5 mètres, si on la rentre plusieurs années en serre. Elle acquiert dans une seule année 3 ou 4 mètres, et forme une plante dressée ou rameuse, à tiges robustes, pubescentes comme toutes la plante. Les feuilles, longuement pétiolées et opposées, distantes, arrondies, grossièrement dentées, de 50 cent. de diamètre dans le jeune âge, sont pubescentes en dessous, rudes en dessus, d'un vert cendré, et sentent la pomme si on les froisse. En hiver, de vastes panicules de fleurs à rayons blancs, petits, se développent au sommet des tiges.

Isoler sur les pelouses. Bouturage facile en hiver ou au printemps sur des pieds rentrés. Terre substantielle et profonde, très-fumée.

Férule.

* **Ferula communis**, Lin. — *Férule commune.* — *Ombellifères.* — Belle plante vivace du midi de l'Europe, à tige robuste, cylindrique, rameuse au sommet, haute de 2 à 3 mètres. Feuilles très-grandes, d'un vert-noir brillant, découpées en lanières fines comme le Fenouil; fleurs en ombelles gigantesques, jaunes.

* **F. Tingitana**, Lin. — *F. de Tanger.* — Diffère seulement de la précédente par ses feuilles plus brillantes, à lobes lancéolés, oblongs, dentés et incisés inégalement.

Peu de plantes à isoler sur les pelouses peuvent rivaliser avec celles-ci. Leur effet imposant et leur haute taille les appellent dans les grands parcs. Couvrir de feuilles l'hiver. Mult. par semis; terre meuble et profonde.

Festuca glauca, Schrad. — *Fétuque glauque.* — *Graminées.* — Plante vivace indigène, à feuillage linéaire vert-bleu cendré, haute de 20 à 30 cent., et propre à faire des bordures aux plantes colorées. Toute terre. Séparation des touffes.

On peut employer au même usage le *F. tenuifolia.*

Fétuque. — V. *Festuca.*

Ficus. — *Figuiers.* — *Artocarpées.* — Les *F.* d'ornement sont représentés par un grand nombre d'espèces tropicales d'un grand intérêt. C'est encore à la ville de Paris que revient l'honneur d'avoir tenté les premiers essais de culture en pleine terre, à commencer par le *F. elastica.* Depuis, de nombreuses espèces et variétés ont été essayées de toutes parts, et la beauté de leur feuillage leur a conquis une place distinguée dans nos jardins.

Le genre *Ficus* et ses démembrements botaniques, qui ont divisé les espèces tropicales en un grand nombre de genres, tels que *Urostigma, Galactodendron,*

Sinœcia, Covellia, Brosimum, Castilloa, renferme une foule d'espèces qui ne sont pas aussi ornementales qu'on le dit, et l'on doit se défier de l'entraînement où certains Catalogues pourraient jeter les amateurs crédules.

Nous ne décrirons que les espèces à vraiment beau feuillage.

 * **F. elastica**, Roxb. — *F. élastique.* — Ce bel arbre des Indes orientales, cultivé en Amérique pour son suc laiteux qui donne le caoutchouc, présente un port régulier, élégant et de larges feuilles ovales oblongues, entières, vernies, d'un beau vert, sortant de gaînes rouges qui simulent des boutons floraux.

 * **F. nobilis**, Lind. — (*F. Porteana*, Lierv.). — *F. noble.* — Très-bel arbre introduit récemment des Philippines par M. Porte. Feuilles d'un beau vert lustré, ovales oblongues, parfois lobées en forme de hallebarde, atteignant 70 cent. de longueur, retombantes et d'un beau port.

 ***F. nymphœæfolia**, Lin. — *F. à feuilles de Nymphéa.* — Bel arbre pyramidal, de Caracas, à grandes feuilles orbiculaires cordiformes, d'un beau vert en dessus, glauques argentées en dessous, atteignant 35 cent. de diamètre.

F. Neumannii, Cels. — *F. de Neumann.* — Arbuste de l'Amérique méridionale, à feuilles pétiolées oblongues, ondulées, canaliculées, vert-foncé, longues de 35 cent., larges de 6 à 8.

F. macrophylla, Desf. — *F. à grandes feuilles.* — Arbre de la Nouvelle-Hollande, ayant le beau port du *F. elastica,* mais plus rustique, et à feuilles plus longuement pétiolées et cordiformes à la base. Elles ressemblent beaucoup du reste à cette dernière espèce.

F. Brassii, R. Brown. — Bel arbre à feuilles entières, courtement pétiolées, d'un vert-noir, ovales oblongues, sortant de gaines rouges; nervure médiane blanche; pétioles et tiges brun-roux.

F. Amazonica, Hort. — *F. de l'Amazone.* — Brésil. — Grand arbre offrant le port et le feuillage du *Magnolia grandiflora;* limbe vert luisant, à nervures blanches en dessus, roses en dessous.

F. catalpœfolia, Hort. — (*Eriostigma c.*). — *F. à euilles de Catalpa.* — Bel arbre à larges feuilles orbiculaires réniformes, pétiolées, rouge-vif dans le jeune âge; pétioles et nervures d'un beau rouge.

F. subpanduræformis, Hort. — *F. forme de violon.* — Tige presque simple; feuilles oblongues ondulées, vert-noir et brun-roux, ramassées et sessiles.

F. Hermannii. — *F. d'Hermann.* — Ressemble au *Brassii,* avec des feuilles plus grandes, dressées, canaliculées. Très-belle plante.

F. elegans. — *F. élégant.* — Feuilles sessiles

épaisses, ovales oblongues, un peu creusées, à nervures blanches. Rameaux volumineux, vert-noir.

Une autre espèce superbe, à feuillage vert-noir, luisant, ovale obtus, ondulé, d'un port irréprochable, a été cédée par M. Rougier dernièrement aux cultures de la ville de Paris. Elle a reçu le nom d'un de nos plus vénérables horticulteurs parisiens, M. Chauvière, et s'appellera *F. Chauvierœi*. On l'a déjà multipliée en assez grand nombre pour faire une corbeille en plein air qui a éveillé cette année l'attention de tous les amateurs.

A cette liste de *Ficus* de choix, on pourrait encore ajouter les espèces suivantes, qui ne manquent pas de mérite :

F. glumacea, H. Mosc.
— *rubiginosa*, Desf.
— *Bengalensis*, Lin.
— *gigantea*, H. et Bouv.
— *macrophylla speciosa*, Lind.
— *princeps*, Kunth. (*Bengalensis*, Hort.)
— *leucostema*, Blum.

La culture des *F*. jusqu'ici s'est faite chez nous en terre de bruyère, soit en corbeilles, soit isolément sur les gazons, en pots ou bacs. Les meilleurs pour corbeilles sont *F. elastica, macrophylla, nobilis, rubiginosa*. On les rentre en bonne serre tempérée aux premiers froids. Multipl. en hiver par boutures, dont on

Grav. 23. — Ficus elastica, p. 163.

laisse sécher la plaie laiteuse pendant quelques heures. La plupart reprennent mieux de tronçons de bois mûr à un œil que de sommités. Bouturer en petits godets à l'étouffée, en terre de bruyère.

Figuier. — Voir *Ficus*.

Fougères. — Peu de familles sont plus dignes de nos préférences comme plantes à feuillage. Leur port élégant, leur texture fine et leurs charmantes découpures les font rechercher avec empressement pour les ornements légers des lieux ombragés, et surtout des rocailles en terre de bruyère.

Un nouvel attrait vient encore de s'y joindre : on peut cultiver avec succès, en plein air, l'été, les Fougères en arbre de serre froide. Isolément sur les pelouses, elles ne le céderont pas même aux Palmiers pour l'élégance du port et du feuillage.

ESPÈCES DE PLEIN AIR POUR ROCAILLES :

Struthiopteris Germanica, Willd.
Pteris aquilina, Lin.
Onoclea sensibilis, Lin.
Scolopendrium officinale, Lin.
Asplenium filis fœmina, Bernh.
Lastrœa filis mas, Presl.
Osmunda regalis, Lin.
Polypodium vulgare, Lin.
Polystichum aculeatum, Roth.

ESPÈCES DE SERRE POUR ISOLER :

Cyathea medullaris, Sweet.

Cyathea dealbata, Sweet.
Balantium antarcticum Presl.

Grav. 24. — Pteris argyræa.

Blechnum Brasiliense, Lin.

Pteris argyræa. — Corbeilles de terre de bruyère, à l'ombre.

Alsophila australis, Rob. Br.

Lastræa patens.

Fourcroya.

Furcroea gigantea, Kunth. — *Fourcroya gigantesque.—Amaryllidées.* — Grande plante des Antilles, voisine des Agaves, dont elle offre l'aspect par ses énormes feuilles de 2 mètres de long, et ses branches de 8 à 10 mètres. Serre tempérée; isoler sur les pelouses, sans les caisses, pour qu'elle prenne un grand développement.

On emploie de même les *F. Ghiesbreghtii,* Lem., et *tuberosa,* H. Kew.

Gentiane.

Gentiana lutea, Lin. — *Gentiane jaune.* — *Gentianées.* — Cette grande plante vivace des Alpes, avec son port dressé, pyramidal, ses grandes feuilles ovales, larges, sillonnées, et ses longs épis de fleurs jaunes, forme un pittoresque ornement des rocailles en pleine terre de bruyère. Rustique, mais délicate. La multiplier de semis.

Geranium anemonæfolium, l'Hér. — *G. à feuilles d'anémone.* — Plante vivace de Madère, à tige courte, ligneuse; feuilles étalées, très-longuement pétiolées, grandes, à divisions et deux fois lobées finement découpées. Rentrer en serre froide. Précieux ornement des rocailles, autant par son feuillage que par ses grandes panicules de fleurs rose-lilacé. Multipl. par graines.

Gnaphalium lanatum, Hort. — *G. laineux.* — *Composées.* — Plante rampante, toute blanche, cendrée, laineuse; feuilles ovales, étalées, petites, formant de jolies bordures couchées pour les corbeilles de feuilles rouges. Boutures avec les pieds rentrés.

G. crassifolium, Hort. — *G. à feuilles épaisses.* — Feuilles spatulées, grandes, couvertes de poils laineux d'un blanc plus pur sur les bords. Mêmes emploi et multiplication.

Le genre *Gnaphalium*, un des plus féconds en espèces de toute la famille des *Composées*, offre encore un grand nombre de plantes à feuillage blanc laineux qui pourraient augmenter la liste de nos espèces de bordures, mais que la culture n'a pas encore essayées.

Gouet. — Voir *Arum.*

Grevillea robusta, Rob. Br. — *G. robuste.* — *Protéacées.* — Grand arbre de la Nouvelle-Hollande, à grandes feuilles composées de folioles très-découpées, retombant avec grâce le long d'une tige élancée, vigoureuse surtout dans le jeune âge. Terre de bruyère; serre froide; isolé sur les pelouses.

* **Gunnera scabra**, R. et Pav.— *G. scabre.* — *Gunnéracées.* — Plante vivace, à pétioles comestibles, nommée *Panké* au Chili et au Pérou; végétation très-vigoureuse dans le sol où elle se plaît. De ses bourgeons coniques, très-gros, couverts d'écailles rosées divisées, sortent d'immenses feuilles atteignant 80 cent. de diamètre, dressées, très-rugueuses, scabres, pourvues d'aiguillons, arrondies en coupe, à lobes palmés dentés ; les fleurs sont réunies en un gros chaton cylindrique vert-brun et roux.

D'un grand effet sur les pelouses et au bord des bassins. Terre profonde, substantielle, saine, allégée par de la terre de bruyère au moment de la plantation. Craint l'humidité plutôt que le froid ; couvrir de feuilles très-sèches l'hiver. Multipl. par bourgeons de la base.

M. Linden a introduit, il y a quelques années, sous le nom de **G. manicata**, une magnifique espèce de la Nouvelle-Grenade à feuilles plus grandes encore et très-longuement pétiolées. Elle commence à se répandre, mais elle n'a pas encore été jugée en plein air.

* **Gynerium argenteum.** Nees. — *G. argenté.* — *Graminées.* — Magnifique Roseau vivace du Paraguay, introduit, il y a une dizaine d'années, en Angleterre, d'abord au Jardin botanique de Grasnevin, par M. Moore, puis à Chiswich, au Jardin de la Société royale d'Horticulture, sous le nom de *Pampas grass,* ou herbe des Pampas. La plante forme de vastes gerbes de feuilles gracieusement recourbées, longues, étroites, coupantes. Du centre de la touffe sortent en automne de gigantesques épis paniculés à écailles d'un blanc d'argent, à épillés dressés ou retombants, argentés, rosés ou lilacés, suivant la variété.

Isoler sur les pelouses, où cette belle plante a peu de rivales. Couvrir l'hiver, au pied, d'une couche de feuilles sèches. Multipl. par graines ou division des touffes. Terre substantielle.

A toutes les variétés qui ont paru ces dernières années, nous préférons les suivantes :

G. a. elegans, Carr.
— *violaceum*, Hort.
— *giganteum*, Hort.

Gynura bicolor, Desf. — *G. bicolore.* — *Composées.* — Plante herbacée, des Indes, à tiges dressées, rameuses, à feuilles lancéolées acuminées, dentées, vertes et pourpre foncé. Bonne pour bordures. Bouturage d'hiver sur des pieds rentrés en serre.

Hebeclinium ianthinum, Hort. — (*Conoclinium*). *H. à fleurs violettes.* — *Composées.* — Plante suffrutescente, du Mexique, de 1 mètre à 1^m,50, à grandes feuilles opposées pétiolées, cordiformes, couvertes de poils mous et rosés; fleurs en capitules bleu-violacé.

H. macrophyllum, Desf. — *H. à grandes feuilles.* — Moins élevé que le précédent, mais à feuilles plus grandes cordées aiguës, crénelées, pubescentes; corymbes de fleurs lilas. De l'Amérique méridionale.

L'H. atrorubens diffère par la coloration violette des côtes, nervures et pétioles et ses panicules lilas à odeur suave. — Bonnes plantes pour corbeilles, en terre substantielle mélangée de terre de bruyère. Par les années chaudes, elles prennent un grand développement. On les isole aussi sur les gazons. Rentrer quelques pieds en serre pour bouturer l'hiver sous cloche. Les vieux pieds fleurissent mieux.

Hedera. — *Lierres.* — *Araliacées.* — Les lierres panachés et à grandes feuilles, par leur rusticité en plein air et leur beau feuillage persistant, sont très-précieux pour les bordures et les rocailles. Toutes les espèces et variétés sont recommandables et se propagent de boutures.

Hedychium Gardnerianum, Shep. — *H. de Gardner.* — *Marantacées.* — Tiges herbacées de 1m,50, portant des feuilles sessiles, ovales, lancéolées, vernies, vert tendre, et des épis volumineux de fleurs jaunes odorantes à étamines orangées. Fait de jolies corbeilles à mi-ombre, en terre de bruyère, et fleurit bien par les années chaudes. Serre tempérée l'hiver. Pour le reste, culture et multiplication des Balisiers.

Les espèces suivantes, moins belles, sont néanmoins dignes d'être cultivées de même :

H. coronarium, Kœn.

— *purpureum,* Hort.

H. angustifolium, Roub.

Heliantus orgyalis, D. C. — (*H. angustifolia*, Lin.) — *Soleil à longues tiges.* — *Composées.* — Grande plante vivace de la Virginie et des prairies de l'Arkansas, à tiges dépassant 2 mètres, simples, grêles, garnies dans toutes leur longueur de feuilles linéaires recourbées, très-élégantes. Fleurs jaunes en corymbes terminaux. Bord des eaux, pelouses. Rustique.

H. argophyllus, A. Gray. — *S. argenté.* — Plante annuelle du Texas, couverte d'un duvet blanc et satiné; tiges de 2 mètres; feuilles ovales aiguës dentées. Capitules jaunes de moyenne grandeur. Semer sur couche; repiquer en corbeilles pour les grands parcs. Terre substantielle.

Le grand *Soleil* annuel (*H. annuus*, Lin.), que tout le monde connaît, et le *Soleil* à larges fleurs (*H. latiflorus*), Pers., vivace, sont encore de belles plantes pour l'ornementation des grands jardins.

* **Heracleum sphondylium**, Lin. — *Berce branc-ursine.* — *Ombellifères.* — Cette belle plante vivace de nos prairies orne agréablement le bord des eaux sur les pelouses, par ses grandes feuilles composées à lobes larges dentés, et ses énormes ombelles blanches.

* **H. Persicum**, Desf. — *B. de Perse.* — Tige volumineuse, rameuse, dépassant 2 mètres, portant de fortes ombelles qui sortent d'une touffe de feuilles géantes,

pennatifides, très-étoffées, à lobes présentant de très-belles lignes.

* **H. pubescens**, Bieb. — *B. pubescente*. — Originaire de la Taurie; dimensions de la précédente; feuilles pubescentes en dessous, très-grandes, pennatiséquées.

Ces trois espèces s'employent par groupes ou isolément sur les pelouses, au bord des eaux et dans les lieux accidentés des grands jardins pittoresques. Toute terre profonde; très-rustique. Mult. par graines.

Hibiscus.— *Ketmies.*— *Malvacées.*— Sans offrir un grand ornement par leur seul feuillage, le port de plusieurs H. est assez élégant et pittoresque pour que l'on recommande la culture des espèces suivantes :

1. *H. roseus*, Thor. — Vivace ; France. — Isoler.

2. — *palustris*, Lin. — Vivace; Amérique septentrionale. — Isoler.

3. — *militaris*, Car. — Vivace; Amérique septentrionale. — Isoler.

4. — *liliiflorus*, Car. — Serre; Bourbon. — Corbeilles.

5. — *rosa Sinensis*, Lin. — Serre ; Chine. — Corbeilles. Très-belles fleurs écarlates.

6. — *ferox*, Hook. — Serre; Nouvelle-Grenade.— Isoler; mi-ombre, délicat.

7. — *Cooperi*, Hort. — Serre; Nouvelle-Calédonie?
— Corbeilles à l'ombre; terre de bruyère.
8. — *mutabilis*, Lin. — Serre; Indes. — Isoler.
9. — *giganteus*, Hort. — Serre; Indes. — Corbeilles.
10. — *manihot*, Lin. — Serre; Indes. — Corbeilles.

On cultive comme simples plantes vivaces de pleine terre les n°ˢ 1, 2, 3. — Les n°ˢ 9 et 10 peuvent être traités comme plantes annuelles; leur beau feuillage palmé et leurs grandes fleurs jaunes se développent abondamment.

Tous les autres se rentrent aux premiers foids, demandent la terre franche mélangée de terre de bruyère et se bouturent en serre tempérée.

Houblon. — Le Houblon ordinaire (*Humulus lupulus*, est une fort jolie plante à feuillage, précieuse pour garnir les tonnelles l'été, par sa croissance rapide, ses feuilles élégamment palmées et nervées, et sa rusticité à toute épreuve.

Humea elegans, Smith. — *H. élégant.* — *Composées.* — Ce n'est pas seulement par son feuillage abondant, vert clair, sessile, lancéolé, pubescent, à odeur balsamique, que la plante est ornementale, mais surtout par l'élégance extrême de son port, lorsqu'elle a développé ses immenses pyramides de fleurs retombantes aux écailles brun rosé.

Elle est originaire de l'Australie, et malgré son antique introduction, elle est peu cultivée à cause de la rareté de ses graines.

Il faut la semer en hiver, pour avoir des pieds forts à mettre en place isolément sur les pelouses, en terre substantielle. On la traite alors comme plante annuelle.

Hydrangea Japonica foliis variegatis. — *H. du Japon à feuilles panachées.* — *Saxifragées.* — Cette variété du type de notre Hortensia garde facilement sa belle panachure blanche, et fait de jolies corbeilles si on la soumet au traitement suivant : Tous les deux ans, quand la vigueur prend le dessus et étouffe la panachure, arracher les plantes d'hiver, leur tailler les racines et les replanter dans une couche de terre de bruyère de 0^m,20 d'épaisseur. Les feuilles se garderont vertes et blanches, sans cependant présenter l'aspect maladif, habituel aux plantes panachées.

L'**H. nivea**, à feuilles en cœur argentées en dessous, est un bel arbuste rustique qui trouve place, comme plante isolée, dans les feuillages d'ornement.

Impatiens glanduligera, Royle. — *Balsamine de Royle.* — *Balsaminées.* — Grande plante annuelle, de l'Himalaya, à tiges de 2^m,50, noueuses, charnues, rougeâtres; feuilles ovales dentées; fleurs rouge-vineux. D'un port très-ornemental; en corbeilles ou isolée.

Plante vivace; semer sur place en terre très-fumée.

Imperata saccharifera, Hort. — *I. saccharifère.* — (*Cinna arundinacea*). — *Graminées.* — Touffe vigoureuse de 1^m,50, à feuilles linéaires, nervées de blanc, d'où sortent à l'automne de très-nombreuses panicules à reflets argentés. — Isoler sur les pelouses ou les rocailles. Semis en plein air.

Iresine Herbstii, Hook. — (*Achyranthes Verschaffelti* Ch. Lem.). — *Amarantacées.* — Cette jolie et précieuse plante, introduite récemment par M. Baraquin de l'Amérique équatoriale, est déjà répandue à profusion, grâce à sa prodigieuse facilité à se multiplier de boutures. Elle avait d'abord été rapportée à tort au genre *Achyranthes* par M. Lemaire, qui n'en avait pas vu les fleurs quand il la détermina.

Sans détrôner ni peut-être égaler le *Coleus Versch.* pour la confection des bordures et des corbeilles en plein air, l'*Iresine* s'en rapproche beaucoup comme effet et comme coloration. Ses feuilles opposées, bilobées, à fond pourpre-noir, sur lequel se détachent des nervures rouge vif, prennent un éclat et une intensité de coloration rares pendant la saison chaude, tandis qu'elles restent d'une couleur livide et fausse quand la température reste froide.

Une bonne terre, bien ameublée et fumée, lui convient à merveille. On en rentre quelques pieds en serre tempérée pour bouturer l'hiver. On peut aussi en garder quelques gros pieds pour isoler sur les pelouses, où ils acquiéreront 1^m,50 de hauteur sur une largeur presque égale.

Jacquier. — Voir *Artocarpus*.

Jubœa spectabilis. — Voir *Palmiers*.

Kœniga maritima fol. varieg. R. Br. — (*Alyssum maritimum*, Lin.) — *Alysse maritime panachée.* — Variété à feuilles bordées de blanc d'une de nos petites herbes du midi, à fleurs blanches sentant le miel. On en fait de charmantes bordures autour des corbeilles à feuilles rouges.

Lagenaria. — Voir *Cucurbita*.

Laitron. — Voir *Sonchus*.

Lamier.

Lamium maculatum, Lin. — *Lamier panaché.* — *Labiées.* — Plante vivace, couchée, de nos bois. Très-jolie pour bordures en terre ordinaire, par ses feuilles d'un beau vert, ovales, dentées aiguës, avec une grande tache blanche au milieu, et ses épis de fleurs lilacées au printemps. Multipl. facile par éclats.

Plante à recommander spécialement pour les bordures à l'ombre et les rocailles, les bords de massifs et les glacis dans les parties négligées des grands jardins.

Laportea. — *Artocarpées.* — Les *L.* ont de grandes

plantes de serre, herbacées, parmi lesquelles deux espèces à feuilles immenses, oblongues, entières, d'un beau vert (les *L. crenulata* et *Teysmanniana*), feraient sans doute un superbe ornement comme plantes isolées à mi-ombre, en terre de bruyère.

Lastræa. — Voir *Fougères*.

Lavatera. — Voir *Malva*.

Leea sambucina, Willd. — *L. faux sureau.* — Ampélidées. — Arbuste des Indes-Orientales à beau feuillage composé de folioles pétiolées, dentées, d'un effet léger et gracieux.

L. coccinea, Planch. — *L. cocciné.* — Plus joli encore; feuilles très-gracieusement découpées; fleurs en corymbes écarlates. Isoler sur les pelouses. Méritent toutes deux d'être répandues. Terre de bruyère. Serre tempérée l'hiver.

* **Ligularia Kæmpferi.** — *L. de Kæmpfer.* — Composées. — Plante vivace du Japon, que l'on croit être le type d'une plante à feuillage maculé de jaune, connue depuis peu dans les jardins sous le nom de *Farfugium grande*.

C'est une très-belle plante à feuilles longuement pétiolées, épaisses, vert-noir, vernies, orbiculaires réniformes. Très-propre à orner les rocailles en terre de bruyère, les pelouses, et même à faire des corbeilles.

De la variété panachée (*L. K. punctata*), on fait de jolies bordures en terre de bruyère à l'ombre.

L. macrophylla, Dec. — *L. à grandes feuilles.* —

Grav. 25. — Ligularia Kæmpferi punctata.

Espèce du Caucase, également vivace, glaucescente, à très-grandes feuilles pétiolées, elliptiques, dentées. Fleurs jaunes en grappes.

Ces plantes se multiplient d'éclats au printemps.

Lilium giganteum, Woll. — *Lis géant.* — *Liliacées.*

— Originaire du Népaul. Le seul des Lis qui présente un feuillage ornemental. Si on le plante en terre de bruyère, isolément, et qu'il soit de force à fleurir, sa haute tige et ses larges feuilles pétiolées cordiformes, vert-gai, en font une belle plante d'ornement. Il résiste à nos hivers. Multipl. par caïeux. Enlever pendant la période de repos, si on relève la plante à l'automne.

Littea. — Genre de plantes de la famille des Amaryllidées, qui se conserve en serre et dont quelques espèces, cultivées en bac, peuvent prêter aux pelouses un ornement tropical par leurs feuilles en gerbe, étroites, et terminées par un pinceau de fils dressés. Nous recommandons les :

L. gracilis.
— *geminiflora*, Tagl. — (*Bonapartea juncea.*)

Livistona. — Voir *Palmiers.*

Lonicera brachypoda reticulata, Hort. — *Chèvrefeuille doré.* — *Caprifoliacées.* — Arbuste grimpant à petites feuilles elliptiques, vert-pâle ou blanches réticulées de jaune doré. Orne agréablement les rocailles et la base des arbres. Rustique. Boutures herbacées en serre à multiplication.

Magnolier.

Magnolia. — Bien que les *M.* rentrent dans la flore arborescente rustique de nos jardins, ils n'en doivent pas moins être mentionnés avec honneur dans la tribu des plantes ornementales pour la noblesse de leur port et la beauté de leur feuillage.

Parmi les plus beaux à ce point de vue, nous citerons les :

M. grandiflora, Lin. — Amérique du Sud.

— *macrophylla,* Mich. — Caroline.

— *umbrella,* Lan. — Amérique septentrionale.

Maïs. — Voir *Zea.*

Malva arborea, Hort. — (*Lavatera arb.,* Lin.) — *Mauve en arbre.* — *Malvacées.* — Sous-arbrisseau d'Italie, atteignant 3 mètres; tiges vertes, fortes, rameuses; feuilles plissées arrondies, tomenteuses, vert gai; fleurs pourpre-violet. Isoler sur les pelouses; toute terre. Orangerie l'hiver.

M. crispa, Lin. — *M. crispée.* — Plante annuelle, de Syrie, haute de 2 mètres, à port pyramidal; feuilles très-élégantes, arrondies en coupe, dentées et crispées. Semer en avril, sur place, en terre substantielle, en corbeilles ou en groupes.

Mappa fastuosa, Lind. — *M. fastueux.* — *Euphorbiacées.* — Belle plante introduite l'an dernier des Philippines, par M. Linden. Tige dressée, glanduleuse; feuilles pétiolées, horizontales, peltées, orbiculaires cunéiformes, d'un beau vert glauque en dessous; bractées rouges volumineuses, enfermant en entier les bourgeons; tiges et pétioles marbrés de rouge et de noir.

A bien résisté pendant l'été 1865 en plein air et s'est vigoureusement développé. Sera une belle plante à isoler sur les pelouses. Terre de bruyère.

Massette. — Voir *Tipha*.

Mauve. — Voir *Malva*.

Melanoselinum decipiens, Hoff. — *M. trompeur.* — *Ombellifères.* — Arbrisseau de Madère, atteignant 1 mètre, à grandes feuilles étalées, composées, dont les segments sont ovales dentés; pétioles engaînants; ombelles de fleurs blanches. Mult. par semis; terre substantielle. Orangerie l'hiver. Isoler sur les pelouses. Employer surtout de jeunes plantes.

Mélianthe.

* **Melianthus major.** Lin. — *Mélianthe à grandes feuilles.* — *Zygophyllées.* — Arbrisseau du Cap, qui perd son effet ornemental si on le laisse s'élever. Il faut le tenir en touffe et le planter en terre très-substantielle. Il développera de magnifiques feuilles très-glauques à 5-7 paires de folioles, grandes, ovales dentées. Isoler sur les pelouses; bord des eaux; sol profond. Il passe dans l'ouest avec couverture de feuilles. A Paris, il faut le rentrer en orangerie.

M. minor, Lin. — Espèce voisine, qui en diffère par

des proportions beaucoup moindres. Multiplication par drageons bouturés au printemps.

Menyanthe.

Menyanthes trifoliata, Lin. — *Trèfle d'eau.* — *Gentianées.* — Jolie plante aquatique; feuilles à trois folioles comme le trèfle; fleurs en épis rosés.

Molène. — Voir *Verbascum.*

Molinia cœrulea, Moench., fol. varieg. — *Graminées.* — Variété à feuilles rubanées d'une jolie herbe de nos bois. Fait de jolies bordures dans les terres sèches et sans culture.

Mimosa. — Voir *Acacia.*

Momordique.

Momordica charantia, Lin. — *Momordique à feuilles de vigne.* — Cucurbitacée grimpante, des Indes-Orientales, très-jolie par son feuillage ressemblant à la vigne et des fruits ovales qui s'ouvrent pour montrer des graines à arille écarlate.

M. balsamina, Lin. — *M. pomme de merveille.* — Même patrie. Plus petit que le précédent, et lui ressemblant assez du reste.

Semer en place en avril, près des murs ou tonnelles, en terre très-fumée.

*****Montagnœaheracleifolia,** Ad. Brong.—(*M. bipinnatifida,* Koch., seul nom à conserver botaniquement.)— *M. à feuilles de Berce.* — *Composées.* — Grand arbrisseau du Mexique, à tige tétragone, simple la pre-

Grav. 26. — Montagnæa heracleifolia.

mière année, rameuse arborescente ensuite; feuilles

opposées en croix, pétiolées, longues souvent de 0m,80, sinuées lobées profondément et avec une grande élégance, scabres à l'état adulte, tomenteuses dans le jeune âge; pétioles et tiges maculés de blanc. Introduit aussi dans les cultures sous le nom de *Polymnia grandis,* qui appartient à une tout autre espèce.

Une de nos plus précieuses plantes pour isoler sur les pelouses. Elle produit un effet des plus pittoresques, soit par son port élancé la première année, soit par la tête rameuse des vieux pieds qu'on a hivernés en serre. Floraison hivernale; capitules blancs, nombreux, radiés.

Mettre en place isolément en mai; boutures l'hiver sur des pieds relevés. Terre très-substantielle.

Montanoa mollissima. — Voir *Sinclairea.*

Morelle. — Voir *Solanum.*

Musa. — *Bananiers.* — *Musacées.* — Genre fécond en espèces de haut ornement qui ont éveillé l'attention pour la culture estivale. Les essais nombreux et suivis auxquels on s'est livré à la ville de Paris ont démontré que, malgré la vigueur de végétation que peuvent prendre les Bananiers pendant nos étés, il ne fallait guère compter que sur deux ou trois espèces comme plantes vraiment décoratives. Les autres sont constamment déchirées par les vents, comme sous les tropiques, du reste. On fera bien de les exclure des jardins d'été, quel que soit d'ailleurs leur mérite.

Grav. 27. — Musa ensete.

A ces causes, nous ne citerons que trois espèces à feuillage robuste.

M. ensete, Bruce. — *Bananier enseti*. — Peut-être la plus grande herbe connue. Originaire d'Abyssinie, où elle est cultivée pour le centre de ses tiges (scapes) comestibles. Son tronc, formé par les restes des pétioles engaînants, peut acquérir jusqu'à 1 mètre de diamètre à la base et s'élever à 6 mètres. Ses feuilles colossales, elliptiques, d'un beau vert, avec une robuste nervure médiane rouge vif saillante en dessous, peuvent atteindre chez nous 3 mètres en plein air et beaucoup plus dans les régions chaudes.

Un pied superbe de cette espèce a fleuri cette année au parc de Monceaux, à l'air libre. Il présentait l'aspect d'un Palmier à couronne.

Le haut mérite ornemental de cette noble plante est encore rehaussé par la fermeté de texture de ses feuiles, qui ne se déchirent que peu ou point au vent, et surtout par sa facilité à subir sans souffrir une température basse, bien qu'elle soit d'une région très-chaude. Elle passe en serre froide, et peut supporter momentanément 0 degré de froid sans en souffrir.

On la place isolément sur les pelouses, dans un riche compost de terre franche passée à la claie et de terreau de couches et de terre de bruyère. Pailler le pied et arroser copieusement pendant les chaleurs. Rentrer en octobre seulement.

Multiplication par graines que l'on tire jusqu'à

présent de l'Algérie. La plante ne drageonne pas et meurt après avoir fleuri.

M. rosacea, Jacq., — *B. à spathes roses*. — Plante de 2 à 4 mètres, de l'Ile de France; feuilles ovales elliptiques, un peu plus grandes en plein air que celle des Balisiers; spathes roses. En corbeilles de terre de bruyère. Mult. par ses nombreux drageons. Serre tempérée l'hiver.

M. Sinensis, Swet. (*M. Cavendishii*, Paxt.). — *B. de la Chine*. — Tige de 1 mètre seulement, forte, trapue, portant de larges feuilles robustes, vert-foncé, contournées, en tête compacte, et mûrissant très-bien ses excellents fruits dans nos serres.

En corbeilles de terre de bruyère ou isolé. Mult. par drageons abondants à la rentrée en serre.

Musschia Wollastoni, Lowe. — *M. de Wollaston*. — *Campanulacées*. — Sous-arbrisseau originaire de Madère, à port régulier; feuilles rassemblées en tête, sessiles, grandes, ovales lancéolées, d'un vert pâle; panicules jaune-orangé, se montrant rarement.

Isoler sur les pelouses, en terre substantielle. Rentrer fin septembre en serre tempérée. Terre légère. Bouturage sous cloche, en serre.

Nélumbo.

***Nelumbium speciosum**, Lin. — *Nélumbo du Nil*. — *Nélumbonées*. — Magnifique plante aquatique à feuilles en bouclier dressées au-dessus des eaux; superbes fleurs simples ou doubles, roses ou blanches, odorantes. Cultiver en baquets exposés au soleil, près d'un mur, en plein été. Fleurit mal dans nos eaux froides.—Rentrer l'hiver.

Nénuphar. — Voir *Nymphœa*.

***Nicotiana glauca,** Grah.—*Nicliane glauque.*—*Solanées.*—Plante de l'Amérique méridionale, ligneuse si on la rentre l'hiver, poussant dehors avec une vigueur extrême. Tiges et feuilles vert-bleu très-glauque, sommets des rameaux se garnissant de petites fleurs jaunes retombantes. Port élégant. Cette plante atteint souvent 4 mètres dans une seule année. Isoler en terre substantielle. Mult. par semis.

* **N. tabacum,** Lin. — *Tabac ordinaire.* — Le tabac cultivé, connu de tous, est sans contredit une admirable plante ornementale à isoler sur les pelouses ou à grouper par masses. — Semer en mars-avril sur couche; mettre en place en terre bien fumée. Arrosements copieux.

* **N. Wigandioïdes,** Hort.—*T. à feuilles de Wigandia.* — Espèce récemment introduite, à tiges simples et munies de très-larges feuilles tomenteuses, dressées, ovales acuminées, la première année; si on la rentre en serre, elle y développe de belles panicules blanches; sa tige se ramifie, ses feuilles se rapetissent et son port devient arborescent. — Bonne plante à isoler. Terre substantielle, fumée largement. Bouturer l'hiver

Grav. 28. — Nicotiana Wigardioïdes

sur des pieds rentrés ou semer en mars pour sortir en mai. Beaucoup d'eau.

* **Nymphœa alba**, Lin. — *Nénuphar blanc.* — *Nymphéacées.* — Belle plante vivace de nos étangs, à larges feuilles flottantes, orbiculaires, échancrées, dont le mérite est encore augmenté par de magnifiques fleurs blanches étoilées à centre jaune, qui lui ont valu en Angleterre le nom de Lis d'eau (*Water lily*).

Le *N.* jaune (*Nuphar luteum*) en diffère surtout par ses fleurs jaunes, moins ornementales.

Orpin. — Voir *Sedum.*

Ortie. — Voir *Urtica.*

Oxalide.

Oxalis corniculata atropurpurea. — *Oxalide à feuilles pourpres.* — *Oxalidées.* — Cette variété d'une de nos petites plantes vivaces indigènes insignifiantes a le feuillage coloré de pourpre-noir et forme des bordures basses qui font de jolis contrastes avec des lignes de plantes blanches. Mult. par éclats.

Palmiers. — Cette noble famille de plantes, que Linnée appelait les princes du règne végétal, offre à la décoration estivale de nos jardins un nombreux et magnifique contingent.

Sorties à l'air libre à la fin de mai, et placées dans leurs caisses isolément sur les pelouses, les espèces de serre froide continuent d'y pousser, et souvent, si les étés sont chauds, s'y développent avec une vigueur plus grande qu'en serre.

Si l'on craignait de voir les feuilles tachées par un soleil trop vif, on les placerait à mi-ombre sous les arbres.

Leur culture rentre dans la spécialité des serres pour tout ce qui est en dehors de l'*estivation* momentanée. A ces causes, nous nous contenterons d'en donner une liste pure et simple :

Livistona Chinensis, Mart. — (*Latania Borbonica*, Lam.). — Chine.

Livistona australis, R. Br. — (*Corypha austr.*, Hort.) — Nouvelle Hollande.

Chamærops excelsa, Mart. — Chine. — Passe à la pleine terre l'hiver, avec couverture.

— *humilis*, Lin. — Afrique.

Rhapis flabelliformis, Ait. — Chine.

Sabal palmetto, Lodd. — Floride et Caroline.

Phœnix dactylifera, Lin. — (*Dattier.*) Orient.

— *sylvestris*, Roxb. — Inde.

Jubœa spectabilis, H. B. et K. — Chili.

Seaforthia elegans. Rob. Br. — Australie.

Cocos australis, Mart. — Paraguay.

Arenga saccharifera, Labil. — Moluques.

***Pandanus**, Baquois. — *Pandanées*. — Comme les Palmiers, les *P.* sont des plantes de serre, des plantes de luxe dont peu de propriétaires ont des spécimens à risquer sur leurs pelouses. Cependant ils n'y souffrent en rien si on les relève fin septembre.

Les espèces qu'on peut sortir avec le plus d'avantage sont les suivantes :

P. utilis, Bor. — Madagascar.
— *odoratissimus*, Jacq. — Moluques.
— *sylvestris*, Lin. — Amboine.
— *amaryllidifolius*, Roxb. — Amboine.
— *elegantissimus*, Hort. Gand.

Panicaut. — Voir *Eryngium*.

Panicum plicatum, Linn. — *Panic plissé.* — Graminées. — Plante annuelle sous notre climat, vivace aux Antilles sa patrie, et précieuse par son feuillage acuminé, d'un beau vert, hispide et très-élégamment plissé. Fait des bordures charmantes de 25 à 50 cent. de haut, en terre de bruyère ou bonne terre légère.

Les *P. sulcatum*, Aubl., et *palmifolium*, Poir., ne paraissent pas autre chose que des synonymes.

Laisser en serre l'été un pied qui mûrira les graines nécessaires au semis de printemps.

P. altissimum, Desf. — *P. très-élevé.* — Plante vivace de l'Afrique occidentale, haute de 1^m,50 à 2 mètres, formant une touffe élégante de feuilles linéaires, scabres, coupantes, et portant des panicules terminales grandes à rameaux verticillés. Fourrage estimé aux Antilles.

Chez nous, c'est une belle plante d'ornement pour isoler sur les gazons. Tout terrain. Séparation des touffes.

Rentrer en serre les jeunes multiplications d'automne.

Paulownia imperialis, Sieb. et Zucc. — *Scrophularinées.* — Ce bel arbre du Japon peut être utilisé comme plante herbacée à feuillage si on a soin de le rabattre chaque année près du sol. — On peut ainsi en faire des groupes isolés; ses grandes feuilles cordiformes à longs pétioles ne le cèdent en noblesse à aucune autre plante.

Pelargonium zonale foliis variegatis. — *Géraniacées.* — La nouvelle et déjà nombreuse section des *P.* zonales à feuillage coloré fournit de très-jolis ornements pour bordures. Malheureusement, ces colorations étant souvent l'effet d'un dichroïsme maladif, ces plantes sont assez délicates; elles demandent la terre de bruyère et le terreau de feuilles. Les plus jolies sont :

Mistress Pollock.

Sunzett.

Flower of the day.

Manglesii.

Perilla Nankinensis. — *P. de Nankin.* — *Labiées.* — Plante annuelle de la Chine, à port régulier, à feuillage ovale denté, violet foncé métallique, odorant. Précieuse par sa facile culture et son port régulier. — On la sème sur couche en avril pour en former en mai des bordures ou des corbeilles bicolores.

Phalaris arundinacea picta. — *Phalaris roseau panaché.* — Graminées. — Variété à feuilles rubanées de blanc, de rouge et de vert, utilisée pour border les pièces d'eau et faire des bordures. Vivace, vorace, traçante.

Philodendron pertusum, Hort. — (*Scindapsus pertusus*, Schot.). *Ph. à feuilles perforées.* — Aroïdées. — Superbe plante des Indes orientales, épiphyte, c'est-à-dire ayant besoin de support; tiges grosses, charnues, émettant de distance en distance des racines adventives qui descendent s'implanter dans le sol ou dans l'eau; feuilles énormes, robustes, vert-noir, en cœur, lobées et largement perforées comme à l'emporte-pièce; fleurs en grands cornets blancs, charnues; fruits cylindriques, comestibles.

P. pinnatum. (*Sc. pinnatus*, Schott.). — *P. penné.* — Plante moins forte, de Timor, à feuilles épaisses profondément lobées. Également épiphyte.

P. Sellowii, Hort. — *P. de Sellow.* — Feuilles profondément découpées, grandes, à veines transparentes, blanches, longuement pétiolées.

P. latifolium, Hort. — Feuilles grandes, cordiformes, acuminées, vert pâle, portées sur de robustes pétioles cylindriques.

On peut recommander encore les *Ph. imbe, giganteum, Adansoni, grandiflorum, cannæfolium, cordatum.*

Les *Ph.* sont de nobles plantes que l'on n'avait pas, jusqu'ici, osé sortir de la serre chaude où les confinait leur qualité de plantes tropicales semi-aquatiques.

Cependant l'exemple des grands Caladium a engagé à tenter des essais. Les *Phil.*, placés dehors en juin, le pied dans les *sphagnum* et dans l'eau, se sont développés à merveille, ont fleuri et même fructifié. Témoin le plus beau de tous, le *Ph. pertusum*, au parc de Monceaux, l'année dernière.

On peut donc obtenir avec ces plantes une décoration sans rivale pour le bord des eaux, les roches qui pendent sur les bassins, etc.

L'hiver, traitement ordinaire des Aroïdées de serre tempérée et multiplication par tronçons de tiges.

Phœnix. — Voir *Palmiers.*

Phormium tenax, Forst. — *Lin de la Nouvelle-Zélande.* — *Liliacées.* — Plante bien connue pour son intérêt textile et pour la décoration des appartements. En pleine terre ses longues feuilles en glaive, vert-noir et épaisses, prennent des dimensions bien supérieures à celles de la plante restée en serre. On en fait de beaux groupes de 1, 3 ou 5 sur les pelouses et sur le bord des eaux. Serre froide l'hiver; séparation des touffes en tout temps.

Phytolacca decandra, Lin. — *Ph. raisin d'Amérique.* — *Phytolaccées.* — Vigoureuse plante vivace de la

Virginie, à tiges fistuleuses, sillonnées, glabres, teintées de rouge pourpre, atteignant 3 à 4 mètres; feuilles amples, ovales aiguës, molles, d'un beau vert à nervures rouges; fleurs en grappes blanches, puis pourprées; fruits noirs arrondis, déprimés.

Bord des eaux; belle plante très-rustique. Séparation des touffes et semis.

Ph. dioïca, Lin. — *P. dioïque.* — Grand arbre dans le midi, à tronc volumineux, mou, grisâtre, à port régulier; rameaux charnus, verts teintés de rouge aux extrémités; feuilles pétiolées, ovales, acuminées, glabrées et luisantes, persistantes si l'on rentre la plante en serre froide sous le climat de Paris. Isoler sur les pelouses. Constitue en Espagne et en Italie un bel arbre connu sous le nom de *bel sombra.* — Boutures ou graines qu'on reçoit du midi.

***Polygonum cuspidatum,** Sieb. et Zucc. — (*P. Sieboldii,* Hort.) — *Renouée cuspidée.* — *Polygonacées.* — Grande plante vivace du Japon, très-rustique sous notre climat, et précieuse à ce titre autant que par son port très-ornemental. Sur le bord des eaux, isolée, elle forme en peu de temps des touffes écartées comme un bouquet d'artifice, et de forme régulière. Les tiges, hautes de 2 mètres, se ramifient au sommet; elles sont teintées de rouge et portent des feuilles pétiolées, distiques, ovales, tronquées à la base, et de petits épis de fleurs blanches.

Toute terre; toute exposition; rocailles, bord des eaux, pelouses, elle se plaît partout et se multiplie par ses stolons traçant à profusion.

P. orientale, Lin. — *R. d'Orient.* — Grande plante annuelle, de 2 à 3 mètres, pubescente, à feuilles ovales acuminées; fleurs en grappes, pourpre violacé, retombantes. — Grouper en masses en semant sur place, en avril; terre substantielle. Variétés à fleurs blanches et à fleurs roses.

Polymnia Canadensis, Hort. — (*P. Uvedalia*, Lin. — *Non P. Canadensis*, Lin.). — *P. du Canada.* — *Composées.* — Plante vivace dépassant 2 mètres, herbacée, à tiges glanduleuses; feuilles grandes, ovales, triangulaires, inégalement lobées; capitules jaunes se montrant à profusion à l'automne.

P. maculata, Hort. — Diffère de la précédente par ses macules brun-roux sur les tiges, ses feuilles scabres et son port plus touffu. Fleurs jaunes très-abondantes à l'automne.

Ces plantes sont d'un effet ornemental, isolées sur les pelouses, si on leur donne une terre substantielle qui leur permette un grand développement.

Rentrer l'hiver les souches comme les Dahlias. C'est à une plante de ce genre qu'il faut rapporter la plante alimentaire introduite récemment sous le nom de *Poire de terre Cochet*, et que M. Decaisne vient de déterminer sous le nom de *P. edulis,* Wedd.

Polystichum. — Voir *Fougères.*

Pontederia cordata, Lin. — *P. à feuilles en cœur* — *Pontédériacées.* — Plante aquatique, de l'Amérique du Nord, à feuilles dressées, d'un beau vert, en cœur; épis d'un beau bleu.

Ptarmica. — Voir *Achillea.*

Ranunculus lingua, Lin. — *Renoncule grande douve.* — *Renonculacées.* — Plante indigène aquatique, à tiges simples dépassant 2 mètres; feuilles sessiles oblongues aiguës; fleurs jaunes, grandes. Bel ornement des pièces d'eau. Terre de fossé, profonde.

Ravenala Madagascariensis, Poir. — *R. de Madagascar.* — *Musacées.* — Bel arbre à feuilles dressées colossales, de plus de 3 mètres de longueur, disposées sur deux rangs en éventail. — On peut le sortir l'été en bac dans une situation abritée. Serre chaude.

Remusatia. — Voir *Caladium viviparum.*

Renoncule. — Voir *Ranunculus.*

Renouée. — Voir *Polygonum.*

Rhapis. — Voir *Palmiers.*

Rhaponticum scariosum, Lamk. — *Rhapontic scarieux.* — *Composées.* — Grande plante vivace alpine; tige de 1^m,50, robuste, dressée; feuilles solides, blanchâtres en dessous : les radicales pétiolées, dentées, ovales aiguës. Capitules purpurins. — Terre profonde substantielle. Isoler sur les pelouses ou rocailles.

On emploie de même le *Rh. cynaroïdes*, Less., des Pyrennées, d'un port analogue.

* **Rheum australe,** Don.— *Rhubarbe australe.*—*Polygonées.* — Plante vivace du Népaul, verruqueuse, à grandes feuilles orbiculaires cunéiformes, cordées, cartilagineuses, à nervures, fleurs, tiges et pétioles rouge-brun. Très-ornementale ; atteint souvent 2^m,50.

* **Rh. palmatum,** Lin. — Tartarie. — Feuille de contexture plus molle, charnue, palmati-lobée. Même taille. Panicules amples.

* **Rh. undulatum,** Lin.— *Rh. ondulée.*— Tartarie.— Même port ; feuilles ovales cordiformes, ondulées. Aussi élevée et floraison identique.

* **Rh. nobile.** — *Rh. noble.*— Magnifique espèce découverte par M. Dalton Hooker dans les hautes montagnes de l'Himalaya. Curieuse surtout par le port tout exceptionnel que lui donnent les larges feuilles cordiformes qui couvrent la tige et s'imbriquent en décroissant jusqu'au sommet. Suspendue au bord des précipices, dans les fentes des rochers, rien n'est plus étrange et plus ornemental que cette plante. Cette belle espèce a été introduite en Angleterre, mais la trouve-t-on dans les cultures ?

Pelouses et rocailles. Terre substantielle. Toutes les

Grav. 29. — Rheum nobile.

Rh. se multiplient par graines ou division des touffes. Elles ne craignent pas nos hivers et peuvent se compter parmi nos meilleurs éléments de décoration.

Rhopala. — Beau genre de la famille des Protéacées, dont quelques espèces du Brésil s'accommodent de la sortie en été, et prêtent à nos pelouses, par leur beau feuillage penné, un ornement passager mais précieux. Terre de bruyère, en bacs enterrés. Choisir surtout les :

Rh. Corcovadensis, H. P.
— *Organensis,* H.
— *Jonghii,* Hort.
— *magnifica,* H.

Rhubarbe. — Voir *Rheum.*
Richardia. — Voir *Calla.*
Ricin.

* **Ricinus communis,** Lin. — *Ricin commun.* — *Euphorbiacées.* — Les nombreuses espèces et variétés de ce beau genre sont un de nos plus précieux éléments de décoration pour isoler ou grouper sur les gazons, dans les grands jardins et même pour faire d'immenses corbeilles. Rien ne surpasse la vigueur de leur port, l'élégance des lignes que présente la silhouette de leurs tiges, de leurs belles feuilles palmées, de leurs grands épis de fleurs et de leurs fruits verts ou empourprés.

Si l'on joint à toutes ces qualités l'extrême facilité

de leur culture, qui se réduit à un semis en godets en

Grav. 30. — Ricinus c. sanguineus.

mars, mise en place en avril en terre très-profonde

et fumée, de copieux arrosements, et le reste à la garde de Dieu, on avouera qu'il est peu de végétaux capables de les dépasser et même de les égaler.

Le semis, seul moyen de multiplication, a donné naissance à de nombreuses variétés qui ne se reproduisent pas toujours exactement, mais dont plusieurs cependant semblent à peu près fixées.

Nous recommandons particulièrement :

R. c. sanguineus, Hort. — Tiges, pétioles, fruits et jeunes feuilles rouge-sang.
— — *Borboniensis*, Hort. — Atteint, dit-on, dans une seule année, dans le midi, la hauteur prodigieuse de 8 mètres.
— — *giganteus*, Hort. — des Philippines. — Taille géante.
— *Belot Desfougères*, H. — Géant ; très-rameux.
— *viridis*, Hort. — Plante d'un vert gai uniforme.
— *insignis*, Hort.
— *Africanus*, H.
— *hybridus*, H.
— *microcarpus*, H.

Roseau. — Voir *Phalaris*.

Rumex hydrolapathum. — *Patience oseille d'eau.* — *Polygonées.* — Plante vivace de nos étangs, atteignant 2 mètres, à feuilles parfois de 1 mètre de long, atténuées, lancéolées. Très-ornementale sur le bord des pièces d'eau.

Les *R. maximus*, Schb., et *R. patientia* sont de la même valeur ornementale.

Sabal. — Voir *Palmiers*.

Saccharum officinarum, Lin. — *Canne à sucre.* — *Graminées.* — Grand Roseau de l'Inde bien connu par l'importance de sa culture sous les tropiques, mais peu usité comme plante ornementale. Il produit cependant un très-bel effet le pied dans un bassin au plein soleil, avec ses hautes tiges de 2 ou 3 mètres, noueuses, garnies de longues feuilles rubanées, retombantes.

La variété panachée, nommée Canne d'Otaïti (*S. of. variegatum*) présente, dans une taille plus humble, des tiges rubanées de jaune et de violet, très-jolies.

Rentrer l'hiver en serre chaude. Multipl. par tronçons de tiges bouturés à plat sur le sable fin.

On cultive de même les *S. violaceum*, à feuilles changeantes, vert-noir et violet foncé, à nervure médiane pourpre; le *S. Maddeni*, à taille peu élevée, rameuse, à feuilles étroites dont la nervure médiane est d'un beau blanc, et le *S. Bataviense*, H., à feuilles vertes, vigoureuses, teintées de violet sur les gaînes.

Sagittaire.

Sagittaria Sinensis, Bot. mag.— (*S. lancifolia et gigantea*, Hort.) *Sagittaire de la Chine.* — *Alismacées.*

— Bel ornement des pièces d'eau par ses larges feuilles lancéolées, dressées, et ses fleurs blanches en épi. Submerger entièrement.

La Sagittaire de nos rivières (*S. sagittæfolia*), avec ses feuilles en fer de flèche, est aussi une jolie plante ornementale. Mult. par les bulbilles autour du pied.

* **Salvia patula**, Desf. — *Sauge étalée.* — *Labiées.* — Plante bisannuelle, à grandes feuilles ovales en cœur, recouvertes de soies longues, épaisses, d'un beau blanc d'argent. Grandes panicules de fleurs blanches. Semer en juillet, août, repiquer en place pour l'année suivante. Corbeilles ou groupes isolés.

S. officinalis tricolor. — *S. officinale tricolore.* — Plante sous-ligneuse, à feuilles oblongues, rugueuses, panachées de rose, de blanc, de vert. Bordures. Division des pieds au printemps.

S. horminum, Lin. — *S. hormin.* — Annuelle; touffue, haute de 50 à 70 cent.; feuilles florales vivement striées colorées en bleu violacé ou en rose, suivant la variété. Corbeilles d'une ou de deux couleurs. Semer en mars, avril; repiquer en place.

S. sclarea, Lin. — *S. orvale.* — Grande plante indigène, bisannuelle, pyramidale; feuilles amples, ovales, rugueuses; bractées colorées, fleurs lilas. Terre profonde, saine. Semer à l'automne; repiquer en place. Corbeilles ou groupes dans les grands parcs.

DESCRIPTIONS ET CULTURES SPÉCIALES 209

Santoline.

Santolina chamœcyparissus, Lin. — *Santoline pc*

Grav. 31. — Saccharum officinarum.

tit cyprès. — *Composées.* — Petite plante buissonnante, touffue; feuillage cendré linéaire, charnu, pressé. Bordures et rocailles en terre sèche. Séparation des touffes au printemps.

Saxifrage.

Saxifraga sarmentosa, Lin. — *Saxifrage sarmenteuse.* — *Saxifragées.* — Plante herbacée, rampante, de la Chine et du Japon, à tiges stolonifères ; feuilles charnues, arrondies, dentées, roses en dessous, panachées en dessus de blanc et de vert. Utilisée jusqu'ici en serre pour suspensions. Peut également faire dehors, à l'ombre, de très-jolies bordures, surtout en terre de bruyère. Multipl. de stolons. Hiverner en serre. Orne aussi les rocailles.

S. Japonica, Sieb. — *S. du Japon.* — Peut être le type du précédent ; tous les caractères, moins les feuilles, non panachées. — Variétés tricolore, verte, blanche et rose ; toutes délicates.

Le joli feuillage découpé des Saxifrages des Alpes orne agréablement les rocailles. Celui du *S. crassifolia*, arrondi et large, est d'un beau vert lustré.

Schistocarpha bicolor. — On a introduit, il y a quelques années, sous ce nom et ceux de *Perymenium discolor, Christocarpus albus,* une plante de la famille des Composées, à grandes feuilles scabres, cunéiformes, opposées, engaînantes, d'un port désagréable et se brisant au vent.

On doit la proscrire des jardins bien qu'elle ait été recommandée. On en ignore le vrai nom.

Seaforthia. — Voir *Palmiers.*

Sedum fabarium, Koch. — *Orpin fabaire.* — *Crassulacées.* — Plante indigène de 40 à 50 cent., vivace, à feuilles charnues, ovales, obtuses, glauques; fleurs roses.

S. maximum, Sut. — *O. géant.* — Même port et même taille; feuilles plus larges, non glauques.

Jolies bordures en terre légère, à mult. par éclats. Résistent toutes deux à nos hivers.

S. carneum variegatum. — *O. à feuilles panachées.* — Petite plante annuelle, à feuilles grasses, elliptiques, striées de vert, de blanc et de rose. Très-propre à faire de jolies bordures basses, en terre de bruyère, à l'ombre. Semis sous châssis en mars et avril.

Seneçon.

***Senecio cineraria,** Dec. — (*Cineraria maritima,* Lin.). — *Cinéraire maritime.* — *Composées.* — Plante sous-frutescente, croissant sur les rochers de la région méditerranéenne, couverte d'un duvet blanc satiné; tiges buissonnantes, hautes de 60 à 80 cent.; feuilles pennées, découpées, à divisions lobées; corymbes jaune brillant. Plante précieuse pour bordures de corbeilles colorées. Multip. facile par semis l'hiver ou par boutures en été, dehors, à l'ombre. Terre saine et légère.

* **S. Ghiesbreghtii**, A. Brong. — *S. de Ghiesbregth.* — Belle plante du Mexique, à tiges maculées, fortes, peu rameuses; atteignant 1 mètre, portant de larges feuilles ovales, oblongues, épaisses, grossièrement dentées, pétiolées, d'un beau vert; énormes corymbes de fleurs jaunes. Isoler sur les pelouses, en terre de bruyère et terre franche. Ne prendre que des jeunes plantes; les vieux pieds se dénudent. Bouturer l'hiver en serre tempérée. Belle plante lorsqu'elle est vigoureuse, jeune et très-bien faite.

* **S. petasites**, Dec. — *S. pétasite.* — (*Cineraria platanifolia*, Schrank.) — Belle plante rameuse, touffue, du Mexique, haute de 1 mètre; tiges charnues, portant de larges feuilles épaisses, molles, pétiolées, arrondies en cœur et lobées, vert foncé, plus pâle en dessous; grandes panicules jaunes. Orangerie l'hiver. Semis et boutures à l'automne.

Le *S. Miradorensis*, H., se rapproche beaucoup de cette espèce. Tous les deux sont d'un effet remarquable, soit en corbeilles, soit isolément sur les pelouses, sur lesquelles se détache avantageusement le vert velouté de ce beau feuillage. Terre profonde et substantielle.

S. mikanioïdes, Der. — (*Delairea odorata*, Lem.) *S. à feuilles de mikania.* — Plante grimpante très-vigoureuse, dont le feuillage élégamment lobé, vert brillant, ressemble au lierre, ce qui lui a valu le nom de *Lierre d'été*. Très-propre à garnir les tonnelles, berceaux, murs, treillages, qu'il tapisse dans les quelques mois d'été. Bouturage l'hiver sur quelques pieds rentrés.

Sida venosa, Hort. — (*Abutilon venosum*, Paxt.) — *Malvacées*. — Sous-arbrisseau élevé, du Mexique, à feuilles de 25 cent. de diam., longuement pétiolées, divisées en 7 ou 9 lobes dentés; fleurs en cloches jaunes striées orange. Variété plus estimée : *A. duc de Malakoff*. Corbeilles ou groupes sur les pelouses. Serre tempérée l'hiver. Boutures sur couche. Terre substantielle et légère.

S. arborea, Lin. — *S. en arbre*. — Arbrisseau du Pérou, à grandes feuilles en cœur, longuement pétiolées, en cœur inégal, acuminées dentées; fleurs petites jaune-pâle. Isoler sur les pelouses. Serre tempérée l'hiver. Terre profonde et fumée. Bouturage sous cloches.

***Silybum Marianum**, Gœrt. — (*Carduus Marianus*, Lin.) — *Chardon Marie*. — *Composées*. — Grande plante bisannuelle de France, à feuilles énormes, sinueuses, embrassantes, épineuses, en grosse touffe, et maculées de taches blanches sur toute leur surface. Pelouses des grands jardins d'ornement. Semer en automne, pour repiquer au printemps en place. Terre profonde; rustique.

Silphium laciniatum, Lin. — *Silphe lacinié*. —

Composées. — Grande plante vivace de l'Amérique du Nord, atteignant 3 mètres par ses tiges simples, élancées; feuilles pétiolées, pennatifides laciniées; capitules fauves.

S. *trifoliatum*, Lin.
— *integrifolium*, Mich. } Amér. sept.
— *ternatum*, Retz.

Ces 4 espèces, de port à peu près identique, diffèrent par leur feuillage. On les emploie, comme plantes vivaces rustiques, dans des situations pittoresques, sur les pelouses ou les rocailles des grands parcs. Division des touffes. Terre profonde.

Sinclairea discolor, Hort. — (*Montanoa mollissima*, Hort.). (*Non M. mollissima*, Ad. Brong.). — *Sinclaire bicolore.* — *Composées.* — Plante sous-frutescente à feuilles opposées, ovales, pétiolées, teintées de violet au sommet des tiges, soyeuses, argentées en dessous, d'un beau vert en dessus. Corbeilles, bordures ou isolée. Bouturage d'hiver en serre tempérée.

Sium latifolium, Lin. — *Berle à larges feuilles.* — *Ombellifères.* — Plante vivace des prairies d'Europe, à tiges sillonnées, hautes de 1 mètre, grandes feuilles à segments lancéolés, dentelées. Ornement des pelouses humides; bord des eaux. Terre profonde.

Solanum, Lin. — *Morelles.* — *Solanées.* — Voici un de ces genres à réputation rapide, qui a pris depuis peu un rang élévé parmi les plantes à beau feuillage. Au lieu des cinq ou six grandes espèces annuelles qui paraient autrefois les jardins et les Traités d'hor-

Grav. 32. — Solanum hyporhodium. (V. page 220).

ticulture, c'est par douzaines qu'il faut compter aujourd'hui les S. d'ornement, depuis que les introductions des régions tropicales ont acquis à nos cultures le plus grand nombre des espèces cultivées.

C'est surtout au Brésil, au Mexique, au Pérou, en

Bolivie, dans l'Inde orientale, que la plupart de ces espèces à grand feuillage ont été récoltées, et l'on doit rattacher à l'histoire de leur découverte les noms déjà célèbres de MM. Pœppig, Linden, Claussen, Lambert, Barclay, etc.

Le genre *Solanum* est un des plus féconds en espèces de tout le règne végétal. On peut porter à plus de 950 leur nombre connu et décrit, sans compter encore toutes celles que les collecteurs envoient chaque jour et d'autres sans nom, dont les herbiers regorgent.

Parmi ces dernières, nous en avons pu voir, dont l'introduction est encore à désirer, qui ne le cèdent en rien aux plus belles plantes cultivées. La plupart de ces espèces sont épineuses, à grand feuillage et à port arborescent; elles rentrent dans la section *leptostemonum* de Dunal, auteur d'une monographie des plus remarquables sur ce beau genre, qu'il est à désirer de voir mis à jour pour les progrès de la science.

Nous avons dit que peu de plantes pouvaient rivaliser avec les *S.* pour la beauté du feuillage. En effet, non-seulement bon nombre offrent une remarquable élégance de silhouette, une grande pureté de lignes, un port noble et robuste, mais d'autres ajoutent à ces qualités les colorations les plus diverses des feuilles, des fleurs et des fruits. — On voit des feuillages roncinés comme la Pastèque, découpés comme un Sysimbre, argentés, fauves, violets, couverts d'épines couleur de feu, de tiges laineuses ou luisantes, de fleurs éclatantes ou de fruits bizarres et curieux.

Plusieurs espèces développent dans une seule année des tiges de 3 mètres et des feuilles de 1 mètre de longueur.

Aussi, soit en corbeilles, soit en groupes, sur les pelouses, soit comme ornement pittoresque des lieux accidentés, les *S.* sont précieux et la grande variété de leurs espèces permet de les plier à toutes les exigences des situations les plus diverses.

Toutefois, pour être juste, nous devons dire que plusieurs croient que la réputation des *Solanum* sera un peu éphémère, comme celle de toutes les plantes de mode. M. Decaisne (et il n'est pas seul de son avis) pense que ces plantes, la plupart épineuses, difficiles à conserver l'hiver et demandant la serre, ont une réputation tant soit peu surfaite, et que leur règne ne tardera pas à être sur son déclin.

Quoiqu'il en soit, et bien que nous pensions que l'engouement n'est jamais profitable à une bonne cause, nous n'en raconterons pas moins les mérites des *Sol.* qui, à nos yeux, réunissent le plus de qualités.

Bien que plusieurs de ces belles plantes fussent déjà cultivées, l'initiative d'en avoir collectionné et répandu un grand nombre doit revenir à la ville de

Paris. Elle a pu réunir en quatre ans plus de cent espèces dont un grand nombre, il est vrai, ont été éliminées comme peu intéressantes pour l'horticulture. Aucune plante n'a été rejetée sans examen, ni acueillie sans avoir été essayée un an ou deux dans plusieurs situations.

Les observations personnelles n'ont pas suffi. Un amateur distingué qui partage nos préférences pour ce beau genre, M. le comte de Lambertye, a collectionné à son tour les *Solanum*, et son choix a presque toujours corroboré le nôtre, bien qu'il accepte comme plantes de premier choix un plus grand nombre que nous.

Vingt espèces, à notre avis, parmi celles que possède la culture, peuvent être classées au premier rang et se subdiviser, au point de vue tout horticole (laissant de côté les sections botaniques), en trois sections :

1° Les espèces à grand feuillage;

2° Les espèces à belles fleurs;

3° Les espèces diversement ornementales.

En dehors de ce choix d'élite, nous recommandons encore aux amateurs spéciaux la culture d'une quinzaine d'autres espèces qui ne manquent pas de mérite, pour être placées au second rang.

DESCRIPTIONS ET CULTURES SPÉCIALES

A. Plantes de 1ᵉʳ choix.

1º *Espèces à grand feuillage.*

1. — * **S. crinitum**, Lamk. — *M. chevelue.* — Surinam (Guyane) et Indes orientales, (Wigth.). — Plante frutescente, introduite en France par Leblond en 1793. Tige simple la première année, atteignant 1^m,50 et plus, robuste, couverte de poils *chevelus*, laineux, entremêlés d'aiguillons courts et robustes ainsi que les pétioles et les inflorescences. Feuilles étalées, largement ovales, cordiformes, ondulées, sinuées à larges lobes acuminés, bulléos, vert tendre en dessus, blanchâtres et plus épineuses en dessous. Corolles blanches à pétales crochus. Baies sphériques, velues, deux ou trois fois plus grosses qu'une cerise. Isoler, terre substantielle. Hiverner en serre tempérée. Bouturage sur vieux pieds.

2. — **S. enneodontum**, Delile. — *M. à neuf dents.* — Origine inconnue. — Grand arbrisseau de 2 mètres à 2^m,50, touffu, scabre, à tiges pourvues d'épines courtes, rares; feuilles ovales élargies, à neuf lobes ou plus inégaux, arrondis, obtus; fleurs petites, blanches, en panicules courtes et compactes. — Se rapproche d'un *Sol. incanum* que nous avons vu dans un herbier du Brésil. — Isoler. Hiverner en serre. Bouturage d'hiver. Terre substantielle.

3. — **S. giganteum**, Jacq. — *M. géante.* — Arbre du

cap de Bonne-Espérance; tige dressée, atteignant plusieurs mètres, couverte d'un duvet court farineux blanc, ainsi que les pétioles et les inflorescences; feuilles ovales, longues parfois de 80 cent., oblongues, acuminées entières, blanches en dessous; fleurs petites, violettes, en cymes compactes. — Rentrer en serre. Bouturage d'hiver; difficile à la reprise.

4. — * **S. hyporhodium**, Al. Br. et Bouché. — *M. à feuilles rouges en dessous.* — (S. *galeatum*, André; S. *discolor* et S. *purpureum*, Hort.).— Beau sous-arbrisseau originaire de Caracas, où Lambert le découvrit le premier (1836), et M. Linden plus tard. Importé des Indes en Europe par M. Anderson, d'un échantillon cultivé à Saint-Vincent (Antilles.) Plante rameuse, à tige robuste, de 1^m,50, à rameaux armés d'aiguillons épars, courts; feuilles très-grandes, atteignant 70 cent. de longueur, pétiolées, ovales, anguleuses sinuées, d'un beau vert en dessus avec nervures blanches, rouge violacé et velues en dessous, d'une teinte plus vive sur les jeunes feuilles; cymes pseudo-latérales de fleurs blanc-rosé à pétales carénés, à étamines jaunes, enveloppés dans le bouton par les lobes laineux et violets du calice.

Cette belle plante, l'une des plus précieuses pour isoler sur les pelouses, est encore connue au commerce sous les faux noms des S. *discolor* et S. *purpureum*.

Les deux existent, il est vrai, mais sont de tout autres plantes. Nous-même l'avions nommée *S. galeatum*, en mémoire de ses pétales en forme de casque, avant d'avoir découvert l'appellation première de Al. Braun, que nous nous empressons d'adopter.

Serre tempérée l'hiver; bouturage sur vieux pieds rentrés.

5. * **S. macranthum**, Hort. (non le *Sol. macranthum* de Dunal et d'Hooker). — *M. à grandes fleurs.* — Magnifique arbrisseau du Brésil. C'est sans contredit l'une des plus belles espèces que nous possédions; elle a fait son entrée l'année dernière dans les cultures. Sa tige élancée, robuste, herbacée, simple et atteignant jusqu'à 3 mètres dans une seule année, est verte, glabre, épineuse et porte de splendides feuilles retombantes, pétiolées, longueur de 70 à 80 cent., profondément sinuées lobées, rugueuses, à nervures saillantes en dessous. Les fleurs disposées en corymbes extra-axillaires, sont longuement pédonculées et distiques le long des pédicelles. Le calice a les lobes aigus, étroits, contournés à la pointe, hérissés; les corolles, *larges de 7 centimètres*, d'un beau bleu tendre violacé, changeant, à lobes entiers, légèrement frangés, costés en dessous, sont abondantes et du plus charmant effet.

Le feuillage de cette noble plante rappelle beaucoup le *Montagnœa heracleifolia*. Elle fleurit rarement la première année. Il faut l'hiverner en serre tempérée pour qu'elle se ramifie et fleurisse abondamment l'année suivante. Bouturage d'hiver avec les vieux pieds.

5. — **S. Karstenii**, Al. Br. et Bouch. — *M. de Karsten.* — (*S. callicarpum*, Karst.) — Connu au commerce sous ce dernier nom, ce bel arbrisseau, qui rentre dans la section du précédent, dont il est proche voisin, a été envoyé de Caracas par le Dr Karsten. Il est également indigène au Pérou, où il présente souvent une variation plus épineuse, que remarqua Pœppig en 1835. D'autres échantillons de cette espèce recueillis par M. Linden, au Vénézuela, présentent également des variations.

Le *S. Karstenii* est une plante arborescente, peu rameuse, robuste, haute de 1^m,50, toute vêtue de poils allongés, étoilés d'aiguillons entremêlés, et offrant une teinte générale violette grisâtre changeante; feuilles atteignant 60 à 70 cent., pétiolées, ovales, larges, anguleuses, cordiformes à la base, à lobes courts un peu aigus; fleurs en cymes pseudo-latérales courtement pédonculées, très-chevelues, violettes, à fleurs serrées, hérissées, à corolle large d'un beau violet tendre.

Doit être classé parmi les plus belles espèces pour isoler sur les pelouses. N'en pas faire de corbeilles, les feuilles se déchireraient mutuellement. Hiverner en serre. Bouturer l'hiver et employer de préférence de jeunes plantes.

7. — **S. Maroniense**, Poit. — *M. du fleuve Maroni.* Guyane française. — Plante sous-frutescente, à tige forte, courte, portant des feuilles longues de 35 cent., ovales, larges, anguleuses, inégales, ferrugineuses, épineuses, d'un vert foncé; fleurs en cymes latérales, velues, ferrugineuses; corolles grandes et belles, bleu-violacé. Cette plante a été découverte par Poiteau sur les bords du fleuve Maroni, dans la Guyane française, et introduite au Muséum en 1828. Elle a été figurée à tort sous le nom de *S. Quitoense* et vendue aussi sous celui de *S. Texanum*. Elle est assez délicate et ses tiges se dénudent facilement si on la cultive en vieux pieds relevés. Bouturer l'hiver et placer de jeunes plantes en corbeilles ou isolément en terre de bruyère.

8. — **S. Quitense**, Kunth. — *M. de Quito.* — (*Sol. villosum, fraudulentum,* Hort.; *S. angulatum,* Ruiz. et Pav.)—Plante du Pérou et de Quito, sous-frutescente, atteignant rarement 1 mètre dans nos cultures. Tige sans épines, mollement tomenteuse, vert tendre teinté de violet à reflets changeants; feuilles larges, pétiolées, obcordiformes anguleuses-dentées, d'un beau vert, à nervures laineuses violettes; grappes courtes, velues, portant des fleurs blanches carénées assez grandes dont les boutons sont teintés de lilas au sommet. — Demande une exposition et une année chaudes. Peu d'eau, terre légère de bruyère et terre franche substantielle.

Corbeilles ou groupes sur les pelouses. Bouturer l'hiver. Employer de jeunes plantes de préférence.

9. — *S. robustum, Wendl.— *M. robuste*.— (*S. ala-*

Grav. 33. — Solanum robustum.

tum, Seem. et Sendt.) — Arbrisseau de Cocaes, dans la province de Minas-Geraes, au Brésil, introduit d'abord en 1844, en Allemagne, sous le nom de *S. alatum*. Robuste, comme l'indique son nom, il peut acquérir dans une seule année 2 mètres et plus. — La tige, d'abord simple, est velue, laineuse, rousse ferrugineuse comme les pétioles et les inflorescences ; elle est pourvue d'aiguillons grands, jaunes, un peu recourbés, et d'ailes foliacées résultant de la décurrence des feuilles. Celles-ci sont longues de 70 cent. sur 35 de large, ovales, profondément lobées aiguës, épineuses, décurrentes en pétioles ailés. — Les fleurs sont petites, blanches, en cymes recourbées, furfuracées, et les baies velues, ferrugineuses, plus grosses qu'une cerise. — Isoler sur les pelouses. Multipl. de préférence par graines, que les plantes relevées donnent facilement. Rentrer aux premiers froids en serre tempérée.

10. — **S. Sieglingii,** Hort. — (*S. sp. de San Pedro,* Hort.). — Ce grand et bel arbrisseau gagne beaucoup à vieillir, et présente un plus bel aspect lorsqu'il a plusieurs années et qu'il forme un arbre de 4 mètres de hauteur. Il a fait son chemin en Europe sous les deux noms précédents sans acte de baptême.

Nous n'avons pu trouver d'indication sur sa patrie, mais nous avons de fortes raisons de présumer, d'après des échantillons d'herbier qui s'y rapportent, qu'il est originaire de Caracas, où MM. Funck et Schlim l'auraient découvert en 1846.

Quoi qu'il en soit, c'est une belle plante, d'un vert pâle çà et là teinté de rose, tomenteuse, un peu épineuse, touffue, atteignant 3 mètres dans une seule année

— Les feuilles en sont ovales, cordiformes, lobées, dentées, un peu épineuses et molles, retombantes; les fleurs, abondantes, sont petites, blanches et se montrent quand la plante a deux ou trois ans.

La ville de Paris en possède un fort exemplaire de quatre ans qui vient de fleurir et dont la tête, portée sur un tronc robuste comme un arbre, mesure 9 mètres de circonférence. C'est un bel ornement des pelouses. Bouturage l'hiver; terre substantielle.

11. — **S. Warscewiczii.** — ? — *M. de Warscewicz.*
— Magnifique espèce, nouvellement introduite dans les cultures, de l'aspect du *S. macranthum*, avec cette différence qu'elle a le port plus trapu, ramifié plus bas, les pétioles et les rameaux du sommet glanduleux roux, furfuracés, et les fleurs blanches, petites. — Mêmes emploi et culture que le *S. macranthum.*

2° *Espèces à belles fleurs.*

12. — * **Amazonicum,** Ker. — *S. des Amazones.* — (*Nycterium Amazonicum*, Link.) — Du Mexique. — Arbrisseau rameux, de 1 mètre, à tiges, pétioles et nervures, tomenteux pulvérulents, roux-cendré; feuilles petites, ovales oblongues, ondulées ou crénelées, molles au toucher; fleurs nombreuses en cymes, grandes, bleues à étamines jaunes; calices des fleurs fertiles, épineux. Fait un très-bon effet en corbeilles, surtout en terre de bruyère, et à la rigueur en bonne terre légère. Boutu-

rage à l'automne. Rentrer les vieux pieds en serre tempérée ou renouveler avec de jeunes plantes, qui sont plus vigoureuses. Sujet à la maladie de la Pomme de terre (*Oïdium Tukeri*), comme plusieurs autres espèces.

S. Balbisii, Dun. — *M. de Balbis*. — Espèce cultivée comme annuelle, originaire du Pérou, et qui a produit un grand nombre de variétés répandues dans les Catalogues sous les noms de *S. decurrens, Mauritianum, formosum, sisymbriifolium, inflatum, spinosissimum*. Toutes ces plantes sont ou des synonymes, ou de légères variétés de taille, de coloration, de *spinosité*, de feuillage. Aucune n'est préférable au type que nous décrivons.

Plante de 1ᵐ,50 environ, très-rameuse, buissonnante, d'aspect léger, à rameaux velus épineux; feuilles très-découpées, aiguës, dentées, velues, à épines grêles orangées ou jaunes; fleurs abondantes, bleues ou blanches, suivant la variété, se succédant jusqu'aux gelées; baies ovales, petites, jaune-orange.

Semer sur couche en mars; repiquer en corbeilles ou isolément fin d'avril, sur place. Terre fumée; beaucoup d'eau.

14. — **S. glutinosum**, Dun. — *M. glutineuse*. — (*S. ferrugineum*, Hort. non Jacq.) — Arbrisseau de patrie incertaine, atteignant 2 mètres, un peu épineux, rameux, tomenteux, glanduleux furfuracé sur les ra-

meaux et les pétioles; feuilles oblongues, lancéolées, aiguës, ondulées, molles et ferrugineuses; fleurs grandes, abondantes, bleu pâle, en grappes latérales glutineuses, fournies; baies rondes, jaunes. Très-belle plante pour corbeilles ou groupes isolés, très-floribonde et ornementale.—Traitement et mult. du *Sol. Amazonicum*.

15. — **S. laciniatum**, Ait. — *M. laciniée.* — Plante traitée comme annuelle chez nous, vivace en Australie, sa patrie, répandue au commerce (soit le type soit des variétés) sous les noms de *S. aviculare, pinnatifidum, reclinatum,* Hort. non l'Hér. — C'est une belle espèce à végétation vigoureuse, très-glabre, atteignant 2 mètres, touffue, à feuilles tri ou multifides, vert-noir, luisantes, lancéolées linéaires; fleurs grandes, d'un bleu violacé en petites panicules auxquelles succèdent des baies ovales, zébrées, pâles, jaunes. Semer en mars pour repiquer en corbeilles. Prend la maladie.

16.—**S. Rantonnetii**, Carr.—*M. de Rantonnet.* —(*S. Japonicum,* Hort.)—Arbrisseau ligneux, dressé, buissonnant, à feuilles ovales aiguës un peu ondulées, vert-gai; fleurs grandes, nombreuses, bleu-violet; étamines jaunes. Plusieurs variétés horticoles sont distinctes par la coloration des fleurs.

Joli pour corbeilles ou en groupes sur les gazons. Passe presque à la pleine terre. Le rentrer l'hiver par prudence. Boutures très-faciles à la reprise.

3° *Espèces diversement ornementales.*

17. — **S. atrosanguineum**, Schrad. — *M. rouge-sang.*
— (*S. atropurpureum*, Schrank). — Vivace et suffrutescent au Brésil. Chez nous, plante de 2 mètres, annuelle, rameuse, très-épineuse, toute d'un rouge-noir, excepté les feuilles, qui sont vertes, très-épineuses, ovales cordées lobées à lobes dentés; fleurs petites, jaunâtres; baies jaunes petites.

Grouper sur les pelouses par 5 ou 6 pieds. Effet bizarre, pittoresque, ornemental. Semer en mars pour repiquer en pleine terre en mai.

18. — **S. betaceum**, Cav. — *M. à feuilles de bette.* — (*S. crassifolium*, Orteg.) — Petit arbre de l'Amérique du Sud, atteignant chez nous 3 mètres, si on le relève à l'automne; tiges fortes, charnues, lisses; feuilles ressemblant à celles de la betterave, ovales, aiguës, vert foncé teinté de violet dans la variété *purpureum;* feuilles en grappes cymoïdes pendantes, petites, rosées, auxquelles succèdent des fruits de la forme et de la grosseur d'un œuf et qui revêtent un bel écarlate foncé pendant l'hiver. Variétés à reflets pourpres et à baies zébrées de brun.

Diviser par groupes en corbeilles avec des plantes basses au-dessous, ou des espèces grimpantes autour de leurs troncs. Mieux encore isoler sur les pelouses. Végétation vigoureuse; bonne terre fumée.

19. — *S. marginatum, Lin. — *M. à feuilles marginées.*
—(*S. Abyssinicum,* Jacq.—*S. niveum,* All.)— Palestine, Abyssinie (*Schimper*). — Bel arbrisseau qui pourrait rentrer dans les espèces à grand feuillage, n'était la singularité de sa coloration blanche. Il atteint 2 mètres dans une seule année; ses tiges sont blanches tomenteuses, pulvérulentes, ainsi que les pétioles et les inflorescences, et garnies d'épines droites, jaunes au sommet. Ses feuilles, toutes blanches d'abord, puis bordées seulement d'une zone blanc d'argent, sont sinuées lobées et très-élégantes, poudrées de blanc par dessous; ses fleurs, blanches, larges, offrent cette particularité que la première seule du corymbe est fertile, absorbe la séve et détruit ses compagnes sans pitié pour grossir son ovaire. Baies jaunes, de la grosseur d'une pomme d'api.

Très-bel arbuste, en corbeilles ou isolément. Terre substantielle. Semer en mai en serre. Rentrer les vieux pieds. Prend la maladie des Pommes de terre, qu'on ne peut guérir jusqu'ici.

20. — *S.* pyracanthum, Lamk. — *M. épine de feu.* — Arbrisseau de Madagascar, haut de 1 à 1^m,50, à rameaux nombreux, grêles, cendrés, armés ainsi que les feuilles de longues épines droites, couleur feu; feuilles oblongues, étroites, sinueuses, roncinées, à nervure médiane rouge en dessus; fleurs pourpre-violet, en grappes

multiflores extra-axillaires ; baies fauves, petites.

Bizarre, mais vraiment ornemental, soit en corbeilles, soit en groupes de trois à cinq sur les pelouses. Semer en hiver pour repiquer en mai en place. Traiter de préférence comme plante annuelle, bien qu'on puisse relever les vieux pieds.

B. AUTRES ESPÈCES RECOMMANDABLES :

1. — **S. auriculatum**, Ait. — *M. auriculé.* — Originaire de l'Ile Bourbon et naturalisé dans le midi depuis près de deux siècles. Arbrisseau ligneux atteignant 3 mètres, supportant l'hiver dans le midi, entièrement revêtu d'un duvet blanc jaunâtre, pulvérulent; feuilles grandes dans la jeunesse de la plante, ovales entières acuminées, laineuses, pourvues de deux folioles oreillettes à la base ; fleurs violettes petites, en corymbes laineux serrés; baies jaunes nombreuses.

Joli surtout la première année par sa vigueur et sa coloration cendrée; isoler sur les pelouses. Tenir en pots en hiver pour mettre en place en mai. Orangerie l'hiver.

2. — **S. Bonariense**, Lin. — *M. de Buénos-Ayres.* — Bel arbrisseau un peu épineux, cultivé chez nous comme plante annuelle, atteignant 2 mètres, glabre et touffu. Feuilles molles, ovales, sinueuses, crénelées, glabres; fleurs blanches, grandes, en corymbes nombreux, tout l'été; baies globuleuses jaunes et petites.

Corbeilles ou groupes. Semer sous châssis en mai; repiquer en place. Terre fumée.

3. — **S. elœagnifolium**, Cav. — *M. à feuilles de chalef.* — Du Chili. — Petit arbrisseau dressé, touffu, atteignant 1 mètre, tout couvert de petites feuilles tomenteuses blanc-cendré, ovales sinuées, un peu épineuses en bas; fleurs nombreuses bleues, assez jolies. Bouturer en serre. Grouper en corbeilles ou isolément. Plante pittoresque et qui ne manque pas de grâce. Serre tempérée l'hiver.

4. — **S. fasciculatum**, — *M. fasciculé.* — Port général du *S. laciniatum*, moins grand dans toutes ses parties. Rameaux grêles, striés, inermes, touffus; feuilles sessiles oblongues, linéaires, vert-noir, entières; fleurs petites, violettes; baies jaunes, petites, ovales. Jolies corbeilles. Semer en mars pour repiquer en mai.

5. — **S. fastigiatum**, Wild. — *S. fastigié.* — Arbrisseau de 1^m,50, de l'Europe méridionale, à rameaux verts, à feuilles oblongues, sinueuses, crénelées, scabres, poilues; fleurs bleu-pâle, tachées de jaune, en corymbes terminaux; baies orangées, globuleuses. Joli en corbeilles ou groupes. Semer en mars; repiquer en mai.

6. — **S. Sodomœum**, Lin. — *M. de Sodome.* — (*S. Hermanni*, Dun.) — Arbrisseau du Cap, de 1^m,50, rameux, épineux, herbacé, vert foncé; feuilles oblon-

gues très-sinueuses, épineuses, poilues, à lobes anguleux obtus; fleurs bleues en grappes corymbiformes dressées; baie grosse, noirâtre à la maturité.

Isoler; effet bizarre, peu brillant.

7. — **S. horridum**, Hort. — Semble une variété plus étoffée et à épines plus brillantes du *S. pyracanthum*. Mêmes usage et culture.

8. — **S. ovigerum**. Lin. — *M. pondeuse*. — A quelques amateurs il peut être agréable de cultiver cette plante, très-connue sous le nom d'Aubergine pondeuse, si jolie par son feuillage et ses fruits ressemblant à des œufs de poule. Semer en mars, sur couche, pour repiquer en groupes en terre bien fumée.

9. — **S. Vellozianum**, Dem. — *M. de Velloze*. — Belle espèce du Brésil à rameaux pulvérulents blanchâtres, à grandes feuilles ovales oblongues, argentées en dessous. Isoler sur les pelouses. Serre tempérée où on la bouture l'hiver, pour n'employer que de jeunes plantes chaque année.

10. — **S. Verbascifolium**, Lin. — *M. à feuilles de Molène*. — Grand arbrisseau commun au Brésil, à Saint-Domingue, aux Indes-Orientales, importé plusieurs fois et plusieurs fois vendu sous les noms de *S. pubescens, erianthum, bicolor*, ce qui ne l'a pas empêché de se perdre malgré l'annonce récente de certains catalogues. Il atteint 3 ou 4 mètres et se couvre de grandes feuilles

234 LES PLANTES A FRUILLAGE ORNEMENTAL

ovales laineuses, poudreuses, blanches en dessous; fleurs en longs corymbes capitulés, blanches. Orne-

Grav. 34. — Solanum crinitum (Voir page 319).

mental surtout dans son jeune âge; culture et emploi du *S. auriculatum.*

Espèces à introduire.

Bien que nous limitions au nombre indiqué plus

haut la plupart des espèces recommandables, la liste ne s'arrêterait pas là, sans doute, si nous voulions enregistrer autre chose que les espèces que nous avons soigneusement expérimentées.

Mais c'est principalement dans les échantillons d'herbier que nous pourrions moissonner un choix considérable de magnifiques plantes, dont plusieurs effacent les plus belles que nous ayions. Nous avons entre les mains de précieuses collections sèches des régions tropicales parmi lesquelles se trouvent ces précieux *Solanum*, dont l'introduction est si désirable pour nos cultures. Avant peu, il faut l'espérer, les collecteurs nous les enverront, et, en attendant, nous signalerons à leurs investigations les plus remarquables. Plusieurs sans doute existent même dans quelques jardins d'Europe, ignorés des horticulteurs.

S. coagulans, Forsk. — Plante tout argentée, rameuse, arborescente, épineuse. Nubie, haute Égypte.

— **heliocarpum**. — Grandes feuilles pétiolées, lobées, longues de 50 centimètres. Taïti.

— **stagnale**, Moris. — Énormes feuilles épineuses, velues, lobées; grandes fleurs violettes, très-belles. Cette superbe plante est toute couverte d'un épais duvet roux doré. Brésil, Minas-Geraes.

— **tabaccifolium**. — Grand arbrisseau, ayant des rapports avec le *S. verbasifolium*. — Feuilles ovales, grandes, furfuracées en dessous. Andes de Bolivie.

— **Hernandesii**. — Petit arbrisseau rameux à feuilles oblongues, épineuses roux-doré partout. Très-joli. Mexique.

— **Igneum**. — Plante rameuse, à longues feuilles de Saule, d'un beau vert, parsemées de longues épines d'un rouge de sang. Très-originale.

Et une multitude d'autres espèces sans nom, ayant des affinités avec les *S. Karsteni, hyporhodium, giganteum, robustum*, et offrant beaucoup de caractères jusqu'ici inconnus. On les trouverait abondamment à Minas-Geraes, au Brésil, sur les traces de M. Claussen; à Bahia, sur celles de M. Blanchet; dans la province du Rio-Negro, près de Barra, au Vénézuela et dans la Nouvelle-Grenade, où M. Linden a fait de si belles découvertes; à Caracas, aux Philippines, à Nouka-hiva, au Pérou, etc.

Le champ d'exploration est aussi vaste que la riche moisson qu'il s'agit de conquérir au profit de nos cultures.

Culture. — Les *Solanum* d'ornement ont cette qualité à ajouter aux autres, qu'ils sont d'une culture très-facile.

Mise en place en mai, paillis épais, terre composée de terreau de feuilles et fumier, terre franche et sablonneuse; beaucoup d'eau l'été pendant le premier développement, relevage au 10 octobre des espèces délicates et leur transport en serre tempérée après les avoir effeuillés à moitié, voilà en deux mots tout le secret. De longs détails seraient superflus.

Les vieux pieds ayant commencé à repousser, prendre ces jeunes pousses et les bouturer sous cloche en terre sableuse. Rempoter deux fois les jeunes plantes et les transporter sous châssis pour les habituer au grand air avant la mise en place, qui a lieu le 10 mai.

Semer et traiter les espèces annuelles comme toutes les autres plantes de pleine terre.

Soleil. — Voir *Helianthus*.

Sonchus pinnatus, Ait. — *Laitron lacinié*. — (*S. laciniatus*, Hort.). — *Composées*. — Plante herbacée, de Madère, dépassant 1m,50, à grandes feuilles laciniées profondément, à divisions linéaires; capitules jaunes.

Variétés très-nombreuses à feuilles plus ou moins divisées, plus ou moins étroites, vert-clair ou foncé, rosées ou violacées, et répandues au commerce sous les prétendus noms spécifiques de *S. lyratus, gummiferus*, etc.

Semer au printemps; repiquer en terre substantielle. Grouper sur les pelouses.

Souchet. — Voir *Cyperus*.

Spirée.

Spiræa aruncus, Lin. — *S. barbe de bouc.* — *Rosacées*. — Plante vivace des Alpes, à grandes feuilles décomposées en folioles larges dentées; grandes panicules blanches, légères, charmantes. Corbeilles ou groupes dans les grands jardins, surtout près des eaux et des rochers. Divisions des touffes à l'automne.

Stachys lanata, Jacq. — *S. laineux.* — *Labiées.* — Plante vivace, du Caucase, toute blanche laineuse; feuilles elliptiques pétiolées, crénelées, épis roses. Bordures en toute terre; rocailles; rustique.

S. Germanica, Lin. — *S. d'Allemagne.* — Voisin du précédent, indigène et bisannuel, plus élevé; feuillage laineux argenté. Même usage. Semer dehors en automne; dehors au printemps.

Strelitzia reginæ, Ait. — Belle Musacée à feuilles dressées, elliptiques lancéolées vert foncé, ornementale sur les pelouses l'été. Hiverner en serre chaude, où elle développe de magnifiques fleurs jaunes d'or et bleues semblables à des aigrettes d'oiseau.

Struthiopteris Germanica. — Voir *Fougères*.

Tabac. — Voir *Nicotiana*.

Telekia cordifolia, Kit. — *T. à feuilles en cœur.* — *Composées.* — (*Buphthalmum speciosum*, Schreb.) — Grande plante vivace, d'Europe, à larges feuilles radicales, tomenteuses, longuement pétiolées; capitules jaunes, s'élevant à 1^m,50. Pelouses, rocailles; plante à isoler, rustique. Séparation des touffes au printemps.

Thalia dealbata, Sow. — *F. blanchâtre.* — *Marantacées.* — Plante vivace aquatique, de la Caroline du Sud, à beau feuillage longuement pétiolé, ovale, vernis élégamment nervé, à panicules d'un bleu violacé pruineux, qui sont un des plus jolis ornements de nos pièces d'eau. Eau profonde et abritée; passe bien à Paris dans les hivers ordinaires. Séparation des touffes.

* **Theophrasta imperialis**, Hort. — *Th. impérial.* — *Dilléniacées.* — Très-bel arbre du Brésil, dont les feuilles dépassent 1 mètre de longueur sur 25 centimètres de large; elles sont sessiles, ovales, cunéiformes, dentées, robustes, etc., nervées profondément. Serre chaude l'hiver. Isoler en bac sur les pelouses.

Th. macrophylla, H. — *Th. à grandes feuilles.* — *Théophrastées.* — Port et feuillage analogues au précédent. Même emploi; même culture.

Thladiantha dubia, Bunge. — *T. douteux.* — *Cucurbitacées.* — Jolie plante vivace, grimpante, de la Chine, velue, scabre, à feuilles d'un vert tendre, ovales en cœur; fleurs jaunes campanulées, auxquelles succéderont de jolis fruits elliptiques rouge-brillant, dès que la plante femelle, qui vient d'être introduite, sera répandue dans les cultures. Séparation des tubercules à l'automne ou au printemps. Gracieux ornement des murs et des tonnelles.

Tipha latifolia, Lin. — *Massette à larges feuilles.* — *Tiphacées.* — Grand roseau dressé de nos marais, dont les feuilles en glaive, et les inflorescences brunes en petites massues sont d'un excellent effet dans les pièces d'eau, où elles se multiplient d'elles-mêmes et à profusion.

On cultive aussi une variété à feuilles étroites : le *T. angustifolia.*

Tradescantia discolor, L'Hér. — *Ephémère bicolore.* — *Commelynées.* — Plante charnue, dressée, de l'Amérique du Sud; feuilles lancéolées, violettes en dessous, vert foncé en dessus.

Variété *vittata,* striée de jaune, de vert et de pourpre. Terre de bruyère; corbeilles. Serre tempérée l'hiver. Bouturage facile.

Tradescantia zebrina. — Voir *Commelyna.*

Trèfle. — Voir *Trifolium.*

Tricosanthes anguina, Lin. — *T. serpent.* — *Cucurbitacées.* — Plante annuelle, grimpante, à feuilles en cœur et trilobées, pubescentes, à fruits longs, cylindriques, contournés comme des serpents. Murs et treillages.

T. colubrina, Jacq. — Analogue. — Culture des melons.

Trifolium repens atropurpureum. — *Trèfle rampant à feuilles pourpres.* — *Papilionacées.* — Variété de notre petit trèfle blanc, à feuilles entièrement pourpre-noir. Fait de jolies bordures autour des corbeilles à feuilles blanches. Éclats au printemps; toute terre légère et saine.

Tripsacum dactyloides. — *T. faux dactyle.* — *Graminées.* — Grande herbe vivace de 1 mètre, à feuilles larges, d'un beau vert, à épis cylindriques écailleux. Assez ornementale sur les pelouses, en grosses touffes. Couvrir le pied de feuilles pendant l'hiver.

* **Uhdea bipinnata,** Hort. — (*Montagnæa elegans,* de Koch, seul nom à conserver botaniquement.) — Composée sous-frutescente, formant une forte touffe arrondie, haute de 1^m,50 à 2 mètres, avec des feuilles pubescentes palmées et non bipennées, comme l'indique à tort son nom, d'un beau vert et à poils blancs soyeux. Isoler sur les grandes pelouses. Rentrer en serre tempérée. Bouturage facile des jeunes pousses au premier printemps.

Uniola latifolia, Mich. — *U. à larges feuilles.* — Graminée de l'Amérique du Nord, haute de 70 cent. à 1 mètre, à larges feuilles lancéolées; panicules lâches à épillets comprimés, retombant avec grâce. Division des touffes. Pelouses et rocailles.

— * **Urtica nivea,** Lin. — *Ortie blanche.* — *Urticées.* — Herbe vivace de la Chine, où elle est cultivée pour sa précieuse filasse; tiges dressées, hautes de 1 mètre à 1^m,50, portant des feuilles alternes, molles, ovales arrondies, aiguës au sommet, neigeuses et pubescentes en dessous, d'un joli effet ornemental. Grouper sur les pelouses; couvrir de feuilles l'hiver.

U. utilis, Bl. — Moins blanche; mêmes caractères du reste et même usage.

Les *U. macrophylla,* Don.; *arborea,* Lin.; *argentea,* Forst.; *gigantea,* sont des plantes moins connues dans les cultures, qui ornent bien les pelouses l'été, et qu'on multiplie de boutures en serre. Leurs feuillages sont larges et d'un beau vert.

Urtica argentea. — Voir *Bœhmeria.*

Veratrum nigrum, Lin. — *Varaire noir.* — *Colchicacées.* — Isolée sur les pelouses, cette belle plante des montagnes, avec son port pyramidal, ses feuilles larges plissées, ovales, et ses grandes panicules brun-noir, est vraiment ornementale. Terre meuble, saine; rocailles et pelouses. Mult. par éclats, en mars.

V. album, Lin. — *V. blanc.* — Même port; panicules verdâtres. — Même usage.

***Verbascum Thapsus,** Lin. — *Molène bouillon blanc.* — *Verbascées.* — Si l'on dépouillait le préjugé qui exclut à tort de nos jardins les plantes indigènes, on cultiverait cette habitante de nos champs, dont les larges feuilles cotonneuses et blanches, et les panicules pyramidales, jaunes, formeraient un bel ornement sur les pelouses.

* **Verbesina gigantea**, Jacq. — *V. géant.* — Composées. — Arbrisseau de la Jamaïque, très-ornemental comme plante isolée, dans son jeune âge. Ses tiges cylindriques, fistuleuses et vertes, de 2 mètres, simples, se garnissent de grandes feuilles ailées décurrentes, longues de 70 cent., pennées, à lobes lancéolés, vert-tendre luisant, d'une grande élégance de silhouette.

* **V. pinnatifida**, Cav. — *V. pennatifide.* — (*V. Sartori*, Hort.) — Plante élevée de 2 mètres, rude au toucher, sufrutescente, à tige ailée, à feuilles tomenteuses alternes, ovales, oblongues, à bords lobés, dentés, décurrentes sur le pétiole et la tige, longues de 70 à 80 cent. sur 35 de large, la première année.

Proscrire le *V. crocata* (*V. sinuata* et *alata*, Hort.), qui est une mauvaise et vilaine herbe du Mexique.

Rentrer ces plantes en serre froide. Bouturer sur vieux pieds l'hiver; préférer les jeunes plantes pour corbeilles et groupes.

Vernis du Japon. Voir *Ailanthus.*

Vinca major fol. variegatis. — *Pervenche grande à feuilles panachées.* — Apocynées. — Cette variété à feuilles jaunes et vertes de notre grande Pervenche vivace orne bien les rocailles et fait même de jolies bordures. Division des touffes; rustique.

* **Wigandia urens**, Choisy. — *W. brûlant.* — Hydro-

léacées. — Grand arbrisseau à aiguillons brûlants, originaire du Pérou, d'où il fut apporté en 1827 à Berlin.

Grav. 35.   Wigandia macrophylla.

Herbacé la première année dans nos cultures. Port pyramidal, robuste; tige simple de 2 mètres environ, garnie de grandes feuilles pétiolées, ovales, cordiformes, d'un beau vert parfois touché de rose, blanchâtres en dessous, réticulées bullées en dessus. Fleurs violettes en cymes recourbées, l'hiver.

* **W. macrophylla**, Schlecht. — *W. à grandes feuilles.* (*W. Caracasana*, Hort. non Humb.)

Cette magnifique plante du Mexique, très-répandue dans les cultures depuis quelques années, est connue partout sous le faux nom de *W. Caracasana*, qui s'applique à une plante du Vénézuela, distincte par des feuilles *beaucoup plus petites*, cordiformes *aiguës*, hérissées *sur les deux faces*, à fleurs *unilatérales*, *violet-pâle*, *pédicellées*, à tubes *aussi courts* que le calice.

Notre plante, dont les tiges robustes, simples la première année, atteignent jusqu'à 3 mètres de hauteur, porte d'immenses feuilles étalées, alternées, longues parfois de 1 mètre, larges de 50 cent., ovales elliptiques, dentées, *arrondies au sommet*, réticulées, bullées en dessus et offrant l'aspect de la peau de chagrin, d'un beau vert, tomenteuses, plus pâles en dessous, munies en dessous d'aiguillons épais, brûlants, comme ceux de l'ortie. Les pieds rentrés deviennent ligneux, rameux, et développent l'hiver des cymes scorpioïdes à fleurs *violet-foncé*, *à gorge blanche*, *sans tube*, disposées *sur deux rangs* et *sessiles* sur les pédoncules.

Le *W. Caracasana* véritable, introduit en 1825 à Berlin par MM. Humboldt et Bonpland, se sera perdu dans les cultures et aura été confondu à tort avec le *W. macrophylla*, qui est maintenant dans toutes les collections, où il tient une place élevée comme plante d'ornement. D'autres espèces, les *W. Kunthii, crispa* et *scorpioïdea*, des régions américaines équatoriales, sont encore de belles plantes dont l'introduction est désirable.

La culture des *W.*, d'abord considérée comme difficile, s'est bien simplifiée depuis peu. On les emploie soit isolément, soit en corbeilles, chaque pied espacé de 1 mètre l'un de l'autre, en pleine terre de bruyère ou terre sablonneuse substantielle. On tuteure les plantes quand elles ont 50 cent. Le développement sera magnifique si l'été est chaud et si on les mouille abondamment.

Le meilleur procédé de multiplication est celui-ci : Rentrer quelques pieds *durcis*, c'est-à-dire d'un développement arrêté, en bonne serre tempérée. Enlever les feuilles au fur et à mesure qu'elles se flétrissent ; en décembre recéper à 40 cent. au-dessus du sol. De jeunes pousses percent en abondance ; les bouturer quand elles ont 5 centimètres, en godets pleins de terre de bruyère *sous la même cloche* où est le pied mère. Si on transporte ces boutures dans un autre milieu avant la reprise, on les perd presque toujours. Par ce moyen on les réussit *toutes*.

Donner peu à peu de l'air, après huit ou dix jours,

et rempoter isolément les boutures reprises dans des godets de 10 cent., que l'on place sous châssis près du verre jusqu'en mai, époque de la mise en place.

Abriter les jeunes plantes de l'air extérieur pendant quatre ou cinq jours, en plaçant une cloche sur chaque plante pour faciliter la reprise en plein air.

Xanthosoma. — Voir *Caladium*.

Yucca, Lin. — *Liliacées*. — Un des genres de plantes les plus précieux pour isoler sur les pelouses ou orner les roches, où la noblesse et la régularité de leur port et l'élégance de leur blanches panicules leur assignent une place des plus distinguées.

La plupart des espèces rustiques sont d'un traitement très-simple. Elles résistent à nos plus grands froids et se plaisent dans tous les sols, plutôt siliceux que calcaires, toutefois. On les multiplie par turions que l'on détache surtout au printemps pour éviter la pourriture et qui reprennent avec la plus grande facilité en pots, en terre de bruyère et terreau. Les espèces caulescentes, qui ne drageonnent pas, se multiplient de boutures. On les obtient en leur coupant la tête, qui forme une nouvelle plante, tandis que la plaie se couronne de jeunes pousses que l'on bouture en terre de bruyère. Ce traitement est surtout applicable aux espèces de serre.

Un grand nombre d'espèces et de variétés sont actuellement cultivées, car ces plantes sont très-polymorphes. Nous nous en tiendrons aux plus recommandables, suivant la classification si laborieusement et si habilement édifiée par notre ami M. Carrière :

Grav. 36. — Yucca flexilis

* **Y. Treculeana**, Carr. — *Y. de Trécul.* — Tige arborescente, forte; feuilles dressées, robustes, vert-foncé, bordées d'une ligne pourpre-brun; panicule ample de fleurs jaunâtres. Amérique du Nord.

Y. aloefolia, Lin. — *Y. à feuilles d'Aloès.* — Amérique du Nord. — Tige de 4 ou 5 mètres de haut, simple; feuilles fermes, nombreuses, piquantes, panachées de rouge et de jaune dans les variétés *quadricolor* et *tricolor*. Orangerie l'hiver.

* **Y. gloriosa**, Lin. — *Y. glorieux.* — Amérique du Nord. — Caulescent, robuste; belles feuilles dressées, creusées, d'un vert-bleu, grandes panicules de 1^m,50 et plus. Variétés recommandables :

Y. g. longifolia, Carr. — Rustique.
— *plicata*, Carr. — Id.
— *glaucescens*, Carr. — Id.

* **Y. flexilis**, Carr. — *Y. flexible.* — (*Y. pendula*, Hort.) — Belle espèce de l'Amérique du Nord, à longues feuilles retombant avec grâce, larges et striées longitudinalement; grandes panicules blanches. Rustique.

Y. angustifolia, Pursh. — *Y. à feuilles étroites.* — (*Y. albo-spica*, Hort.) — Amérique du Nord. — Feuilles étroites, vert-noir, piquantes, dressées, bordées de longs filaments blanc-d'argent contournés; panicule grêle, élancée, atteignant 2 mètres. Rustique.

Y. flaccida, Carr. — *Y. flasque.* — Amérique du Nord. — Plante sans tige, traçante, rustique, à feuilles dressées, un peu molles, bordées de fils blanchâtres;

panicules de 1 mètre à 1m,50, fleurs nombreuses, blanches, grandes.

Grav. 37. — Rheum undulatum. (Voir page 202.)

Y. filamentosa, Lin. — *Y. filamenteux.* — Sans tige; feuilles courtes, étalées, larges, ovales, à bords filamenteux ; fleurs blanches en longues panicules. Rustique.

Toutes ces espèces sont distribuées isolément ou par petits groupes sur les pelouses ou les rocailles. — Cette dernière disposition est plus avantageuse en ce sens qu'avec des plantes de différents âges réunies, on a chance d'en voir fleurir quelqu'une chaque année.

Zamia. — Voir *Cycadées*.

Zea gigantea, Hort. — *Maïs géant.* — (*Z. Guyanensis*). — *Graminées.* — Variété gigantesque du Maïs cultivé, originaire de la Guyane. Ses tiges atteignent parfois dans une seule année 4 à 5 mètres dans notre climat, et bien plus encore dans le midi de la France. Serre sur couche pour repiquer isolément sur les pelouses, en mai, en terre profonde et fumée.

FIN

TABLE DES MATIÈRES

	Pages
DÉDICACE...	3-5
INTRODUCTION......................................	7

CHAPITRE Ier.

| Considérations générales........................ | 11 |

CHAPITRE II.

Culture et multiplication......................	23
§ 1. *Plantes annuelles de plein air*................	23
Semis...	24
Mise en place..................................	27
§ 2. *Plantes vivaces de plein air*...................	28
Multiplication par séparation des touffes.......	29
§ 3. *Plantes vivaces pour rocailles*................	31
§ 4. *Plantes vivaces aquatiques*...................	32
§ 5. *Plantes grimpantes*............................	33
§ 6. *Plantes à hiverner en serre*...................	34
A. *Serre froide et orangerie*..................	34
Rentrée..	35
Empotage......................................	36
Aération et chauffage........................	37
Entretien et taille............................	38
Sortie...	39
Multiplication.................................	39
Bouturage.....................................	39

TABLE DES MATIÈRES

	Pages
B. Serres chaude et tempérée..................	40
Rentrée................................	41
Empotage.............................	41
Chauffage.............................	43
Taille.................................	43
Entretien..............................	44
Multiplication.........................	45
Serre économique à multiplication...........	45
Bouturage............................	48
§ 7. *Culture sous châssis*.........................	50

CHAPITRE III.

CLASSIFICATION HORTICOLE DES PLANTES A FEUILLAGE ORNEMENTAL.................................	52
Tableau de la classification horticole des plantes à feuillage ornemental....................	54

CHAPITRE IV.

EMPLOI ET DISTRIBUTION DES PLANTES A FEUILLAGE..	59
§ 1. *L'architecture et les feuillages d'ornement*.....	59
§ 2 *Disposition des plantes à feuillage dans les jardins*.................................	63
1º Parcs et jardins paysagers..................	64
Un monde de feuillages......................	68
2º Jardins de ville...........................	77
3º Jardin économique.......................	79

CHAPITRE V.

LES PLANTES A FEUILLAGE ORNEMENTAL.............	83

TABLE DES GRAVURES

	Pages
1. Ravenala de Madagascar................	10
2. Wigandia.............................	18
3. Palmiers et Marantacées..............	22
4. Gynerium argenteum...................	30
5. Eucalyptus globulus..................	36
6. Serre à multiplication...............	46
7. Philodendron.........................	51
8. Palmiers.............................	58
9. Acanthus Lusitanicus.................	60
10. Coleus Verschaffelti................	67
11. Jardin paysager.....................	71
12. Bocconia frutescens.................	76
13. Dracœna et Caladium.................	82
14. Aralia papyrifera...................	95
15. Begonia grandis.....................	104
16. Brassica Sinensis var...............	109
17. Caladium sagittifolium..............	115
18. Canna Annœi.........................	129
19. Cycas circinalis....................	148
20. Digitalis purpurea..................	152
21. Dracœna rubra.......................	154
22. Ferdinanda eminens..................	160
23. Ficus elastica......................	166
24. Pteris argyræa......................	168
25. Ligularia Kæmpferi punctata.........	181
26. Montagnæa heracleifolia.............	186
27. Musa ensete.........................	188

		Pages
28.	Nicotiana Wigandioïdes	192
29.	Rheum nobile	203
30.	Ricinus c. sanguineus	205
31.	Saccharum officinarum	209
32.	Solanum hyporhodium	215
33.	Solanum robustum	221
34.	Solanum crinitum	234
35.	Wigandia macrophylla	244
36	Yucca flexilis	248
37.	Rheum undulatum	250
38.	Palmiers	256

FIN.

Paris. — Imprimerie Wiésener, rue Delaborde, 12.

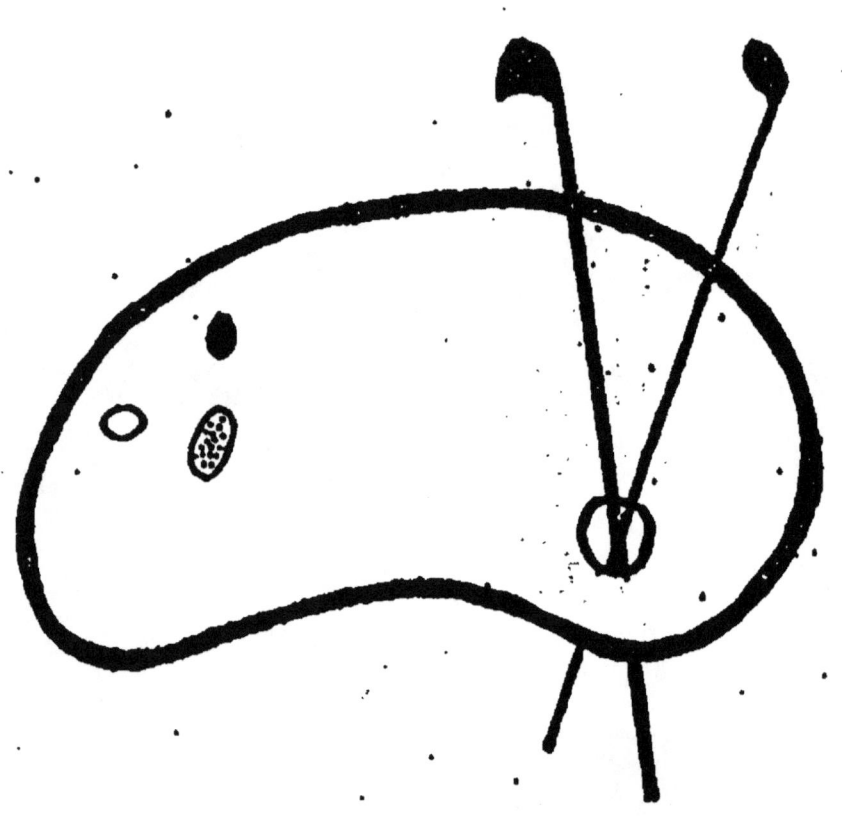

DEBUT D'UNE SERIE DE DOCUMENTS EN COULEUR

J. ROTHSCHILD, 43, RUE ST-ANDRE-DES-ARTS, A PARIS

ÉLÉMENTS D'HORTICULTURE

ou

JARDINS PITTORESQUES

EXPLIQUÉS DANS LEURS MOTIFS ET REPRÉSENTÉS PAR UN PLAN

Destiné aux amateurs pour les guider dans la Création
et l'Ornementation des Parcs et des Jardins d'Agrément

Par R. SIEBECK

Entrepreneur de Jardins publics. — Directeur des Jardins
impériaux à Vienne,

TRADUIT DE L'ALLEMAND PAR ST. LEPORTIER

Les *Éléments d'horticulture*, par M. Siebeck, se composent d'un plan colorié, réparti en quatre feuilles imprimées sur Bristol, dont chacune a 95 c. de longueur sur 72 c. de largeur et d'un texte explicatif sur beau papier, le tout richement cartonné.

Prix de l'ouvrage complet 30 francs.

Extrait de *la Patrie* :

« M. Siebeck a tracé, dans un plan général, sous le titre d'*Éléments d'horticulture paysagère*, un tableau qui résume tous les principes en présentant à dessein toutes les irrégularités possibles. »

Troisième édition

LE

BROME DE SCHRADER

PAR ALPHONSE LAVALLÉE

Développements du Mémoire que l'auteur a lu le 3 février 1861, à la
Société impériale d'Agriculture, sur cette plante fourragère

1 vol. in-18, avec 2 Planches. Prix, 1 f. 50. — Col., 2 fr.

Le *Brome de Schrader*, signalé par M. Alphonse Lavallée comme un fourrage de premier mérite, il n'y a qu'un an, a été immédiatement adopté dans l'agriculture. Les essais tentés sur tous les points de la France sont venus bientôt confirmer les précieuses qualités de la nouvelle plante.

J. ROTHSCHILD, 43, RUE ST-ANDRÉ-DES-ARTS, A PARIS

Superbes Ouvrages sur la Chasse!

QUE SAINT HUBERT VOUS GARDE!
ALBUM DU CHASSEUR

Illustré de photographies, d'après les dessins de M. DEIKER

TEXTE

par M. A. DE LA RUE

Inspecteur des forêts de la Couronne

1 vol. in-4° oblong, 80 fr. — Relié et en Carton, 85 fr.

SUJETS REPRÉSENTÉS DANS L'ALBUM :

FRONTISPICE. — 1. Le Lièvre. — 2. Le Chat sauvage. — 3. Le Loup. — 4. Le Renard. — 5. Le Sanglier. — 6. Le Sanglier. — 7. Le Cerf. — 8. Le Cerf. — 9. Le Daim. — 10. Le Daim. — 11. Le Chevreuil. — 12. Le Chevreuil.

A l'union de tous les Chasseurs de France!

LA VÉNERIE FRANÇAISE

Album de 36 photographies, faites d'après nature

par L. CREMIÈRE

Texte d'après les travaux cynégétiques de MM. Apperley, le Couteulx de Canteleu, de Noirmont, P. Pichot, Richardson, Selincourt, Asthon Smith, Wood, etc.

PRÉCÉDÉ D'UNE INTRODUCTION GÉNÉRALE

par M. le Cte LE COUTEULX DE CANTELEU

Un volume in-4° oblong. PRIX : 30 fr.
Relié en demi-maroquin vert. — 33 fr.

2e Édition, 1 volume in-32. Prix, 1 franc

GLADIATEUR
ET LE HARAS DE DANGU

A M. le Comte F. de Lagrange, par L. DE MAZY

1 vol. avec portrait du cheval, par M. AUDY

J. ROTHSCHILD, 43, RUE ST-ANDRÉ-DES-ARTS, A PARIS

Vient de paraître. — 1re année.

LE

MOUVEMENT AGRICOLE

EN 1866

REVUE DES PROGRÈS ACCOMPLIS RÉCEMMENT DANS TOUTES
LES BRANCHES DE L'AGRICULTURE, AVEC ANNUAIRE POUR 1866
CALENDRIER, TRAVAUX MENSUELS, SYSTÈME MÉTRIQUE, ETC.

par VICTOR BORIE

Un volume in-18 relié. Prix : 1 fr.

L'agriculture est devenue depuis quelques années une science populaire. Les questions agricoles préoccupent tout le monde, parce que tout le monde reconnaît aujourd'hui la vérité de cette mémorable parole de Sully : « *Tout fleurit dans un État où fleurit l'agriculture.* »

Nous avons pensé qu'il serait agréable au lecteur de trouver condensés dans un petit volume, les faits et événements agricoles de l'année. Cette petite revue de l'agriculture aura aussi son utilité en rappelant aux cultivateurs les différents problèmes soulevés dans le public agricole, et en indiquant les meilleures solutions de ces problèmes. Ce travail, confié à un écrivain aimé du public, a pris, sous la plume de l'auteur, une forme originale, vive, humoristique qui donne du charme à la forme sans rien ôter au fond de son intérêt sérieux.

On pourra lire notre petit livre avec quelque fruit, et l'ensemble de cette œuvre pourra devenir plus tard une précieuse collection.

Nous avons ajouté au *mouvement* de 1865 un Annuaire pour 1866; une indication, mois par mois, des travaux des champs ; un résumé du système métrique des poids et mesures, etc.; de manière à former un travail complet.

J. ROTHSCHILD, 43, RUE ST-ANDRÉ-DES-ARTS, A PARIS

LES RAVAGEURS DES FORÊTS

ÉTUDE

SUR LES INSECTES DESTRUCTEURS DES ARBRES
A L'USAGE DES GENS DU MONDE

DES PROPRIÉTAIRES DE PARCS ET DE BOIS, RÉGISSEURS, AGENTS
FORESTIERS, AGENTS VOYERS, ARCHITECTES, GARDES
PARTICULIERS, GARDES FORESTIERS, PÉPINIÉRISTES, ETC.

PAR

H. de LA BLANCHÈRE

Élève de l'École Impériale Forestière, Ancien Garde Général des Forêts,
Président et Membre de plusieurs Sociétés savantes.

*Illustrée de 44 Bois dessinés d'après nature, et suivie d'un Tableau général
de tous les Insectes qui habitent les forêts de France.*

1 beau volume in-18 de 200 pages, avec plusieurs tableaux.
Relié, 2 fr.; relié tranche dorée, 3 fr.

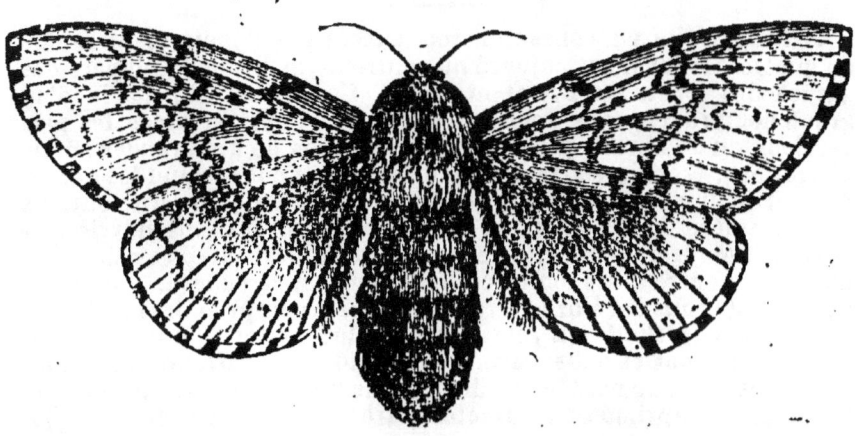

Apprendre à tout propriétaire d'arbres fruitiers, forestiers ou d'ornement quels sont les insectes qui les ravagent et comment il peut essayer de se défendre, tel est le but de ce traité. Exclusivement écrit à l'usage des gens du monde, on en a banni toute dissertation scientifique abstraite, tout terme néo-barbare de l'histoire naturelle proprement dite, et 44 planches gravées indiquent aux yeux, non-seulement la forme et la grandeur de l'insecte *ravageur*, mais encore son travail particulier.

Un tableau synoptique joint à ce volume renferme la *totalité* des insectes qui habitent nos forêts de France. Il permet, au moyen d'une description sommaire, et de la constatation du lieu et de la saison d'apparition, de déterminer l'espèce et le nom de l'animal, et, par suite, le genre de dégâts que l'on doit redouter.

J. ROTHSCHILD, 43, RUE ST-ANDRÉ-DES-ARTS, A PARIS

GUIDE DU FORESTIER

RÉSUMÉ COMPLET

DES LOIS ET RÈGLEMENTS

CONCERNANT

Le Service des Préposés de l'Administration des Forêts
des Gardes particuliers et des Garde-ventes

ACCOMPAGNÉ

De Notions élémentaires de Sylviculture, d'un Tarif de Cubage
et de 27 Formules de procès-verbaux

par A. BOUQUET de LA GRYE

Ancien Élève de l'École impériale forestière

5ᵉ édition augmentée et complétement refondue

1 vol. in-18, Relié. Prix : 2 francs

Ce livre, qui a vu consacrer son succès par l'épuisement rapide de quatre éditions, est aujourd'hui entre les mains de la plupart des gardes des forêts de l'État et de la Couronne. De l'avis d'un grand nombre d'agents supérieurs, il a rendu les services les plus précieux au nombreux personnel des préposés de ces grandes administrations. C'est le seul ouvrage élémentaire dans lequel les gardes des particuliers peuvent apprendre à connaître leurs attributions et la manière de les exercer, aussi ceux qui désirent développer l'instruction professionnelle de leurs gardes, devront-ils s'empresser de mettre entre leurs mains ce livre, qui est le *vade-mecum* indispensable de tous les Forestiers et de tous les propriétaires de forêts.

Pour que le *Guide du forestier* soit plus portatif, nous en avons réduit le format et nous l'avons fait solidement cartonner. La nouvelle édition, augmentée de documents nouveaux, est entièrement refondue et imprimée en caractères très-nets.

Résumé des matières contenues dans cet Ouvrage :

Sylviculture : Futaies; Coupes de régénération; Éclaircies; Taillis; Nettoiements; Abattage; Écorçage; Gemmage; Sarclage. — *Travaux* : Repeuplements; Semis; Plantations; Pépinières; Assainissement; etc. — *Surveillance* : Procès-verbaux; Rédaction; Affirmation; Enregistrement; Délits; Coupes d'arbres; Pâturage; Délits d'exploitation; Outrepasse; Faux chemins. — *Chasse* : Procès-verbaux; Compétence; Délais; Conservation du gibier; Animaux nuisibles. — *Louveterie* : Battues. — *Gardes-forestiers* : Personnel; Traitement; Congés; Retraites; Avancement; Privilèges; Règles de service. — *Gardes-particuliers* : Nominations; Serment; Compétence; Procès-verbaux; Surveillance. *Garde-ventes* : Nomination; Compétence; Fonctions. — Règlements sur les examens et les écoles de gardes.

J. ROTHSCHILD, 43, RUE ST-ANDRÉ-DES-ARTS, A PARIS

4e Édition revue et augmentée

L'ÉLAGAGE DES ARBRES

TRAITÉ PRATIQUE DE L'ART DE DIRIGER ET DE CONSERVER
LES ARBRES FORESTIERS ET D'ALIGNEMENT

A L'USAGE

Des Propriétaires, Régisseurs, Gardes particuliers
Administrateurs de forêts, Gardes forestiers, Ingénieurs
Agents-voyers et élagueurs de profession

Par le Cte A. DES CARS

Dédié à M. DECAISNE, membre de l'Institut, Professeur de culture au Muséum

Un vol. in-32 avec 72 gravures dans le texte et accompagné d'un Dendroscope relié. Prix : 1 franc.

Nous donnons ci-après les titres de quelques chapitres de cet excellent ouvrage :

Considérations générales sur l'entretien des bois en France. — Déboisement et perte des bois. — Inconvénients des élagages vicieux. — Formation du bois par la séve descendante. — But de l'élagage. — Classement des arbres forestiers — Etudes des quatre âges. — Traitement des écorchures, plaies, etc. — Trous dans le corps des arbres. — Vole-t-on le marchand de bois ? — Epoque de l'élagage. — Prix de revient. — Elagage des taillis et des futaies pleines. — Un mot sur le chêne de marine. — Etétage des arbres couronnés. — Des conifères. — Des arbres d'alignement. — Plantations le long des routes et canaux. — Avenues conduisant aux habitations. — Promenades publiques. — Elagage des haies vives. — Conclusion.

J. ROTHSCHILD, 43, RUE ST-ANDRÉ-DES-ARTS, A PARIS.

Nouveauté historique du plus haut intérêt!

BERTRAND DU GUESCLIN
ET SON ÉPOQUE
Par D. F. JAMISON
TRADUIT DE L'ANGLAIS
PAR ORDRE
de S. Exc. le Maréchal Comte RANDON
Ministre de la Guerre
Par F. BAISSAC

Avec notes originales, portraits, plans de batailles, etc.
Un volume in-8° de 600 pages, sur beau papier.

Prix de l'édition illustrée 10 fr.
— — ordinaire 7 fr.

PRIX DE LA RELIURE EN DEMI-CHAGRIN, TRANCHE DORÉE, 3 FR.

L'édition illustrée contient onze gravures sur acier, une lithographie et trois plans tirés en bistre.

L'édition ordinaire contient le portrait de Du Guesclin et trois plans en bistres.

L'année dernière paraissait en Amérique et en Angleterre un livre intitulé: *The Life of Bertrand Du Guesclin*, par D. F. Jamison, de la Caroline du Sud, officier dans l'armée des Etats confédérés, qui, terminant cette étude pleine d'érudition et d'un sentiment historique excellent au milieu de la guerre civile des Etats-Unis, offrait en exemple à ses compatriotes le héros français du quatorzième siècle. S Exc. le maréchal comte Randon, ministre de la guerre, dès qu'il eut connaissance de cette importante publication sur un sujet tout français, rapidement arrivée à la célébrité en Amérique comme en Angleterre, chargea de la traduire M. J. Baissac.

L'intérêt et l'importance du rôle du fameux connétable ressortent d'une manière nouvelle et originale du livre que nous faisons connaître les premiers à la France, certains que nous accomplissons en cela une œuvre nationale.

Cette étude historique a sa place marquée d'avance, en effet, dans toutes les bibliothèques publiques de nos villes, dans les bibliothèques militaires, dans toutes les familles bretonnes, dans les établissements d'instruction, etc., etc.

Le caractère de l'ouvrage de M. Jamison nous paraît être l'érudition mise à la portée de tous, dans un livre destiné à devenir populaire comme le héros qu'il célèbre et à figurer dignement à côté de nos grandes publications historiques.

www.ingramcontent.com/pod-product-compliance
Lightning Source LLC
Chambersburg PA
CBHW050648170426
43200CB00008B/1201